认知

如何成为一个有竞争力的人

跃迁

はしゃぎながら夢をかなえる世界一簡単な法

［日］本田晃一 / 著

朱运程 / 译

贵州出版集团

贵州人民出版社

贵州省版权局版权合同登记 图字第 22-2019-23 号

图书在版编目（CIP）数据

认知跃迁 /（日）本田晃一著；朱运程译 . —贵阳：
贵州人民出版社 , 2019.6
ISBN 978-7-221-15245-9

Ⅰ . ①认… Ⅱ . ①本… ②朱… Ⅲ . ①成功心理—通
俗读物 Ⅳ . ① B848.4-49

中国版本图书馆 CIP 数据核字（2019）第 073153 号

HASHAGINAGARA YUME WO KANAERU SEKAIICHI KANTANNAHO
BY KOICHI HONDA

认知跃迁

（日）本田晃一　著　朱运程　译

总 策 划　陈继光
责任编辑　唐　博
装帧设计　介　桑
出版发行　贵州人民出版社（贵阳市观山湖区会展东路 SOHO 办公区 A 座，
　　　　　邮编：550081）
印　　刷　环球东方（北京）印务有限公司（北京市丰台区莱户营西街 235 号，
　　　　　邮编：100054）
开　　本　880 毫米 ×1230 毫米 1 / 32
字　　数　135 千字
印　　张　8
版　　次　2019 年 6 月第 1 版
印　　次　2019 年 6 月第 1 次印刷
书　　号　ISBN 978-7-221-15245-9
定　　价　42.00 元

想做的事，想成为的人，想要的东西……

我们是在什么时候，失去它们的呢？

孩提时代的我们，

总会被问起：

"你的梦想是什么？"

那时我们拥有用两只手都数不过来的、

太多太多的梦想。

随着我们逐渐长大成人，

我们渐渐懂得了世间常识、人情纠葛等，

不自觉地会被这些思想同化，

会认为：

"顺顺利利地做自己喜欢的事是不可能的。"

"不努力的话，就无法实现梦想。"

果真是这样吗？

即使长成了大人，

也像那时候一样，

有数不尽的梦想，

并且，能用超光速去实现它们的方法

是有的。

是什么方法？

方法就是

自发去选择

能让自己转变为"欢呼雀跃状态"的途径。

如何像孩提时那样开启无敌模式

让一切都顺利进行?

这珍藏的秘密

让我来告诉你吧。

序言

人类就像iPhone一样

我在协助家父经营公司时，遇到了很多富裕阶层的客户。

这些客户不仅仅被财富垂青，而且他们在从事自己最感兴趣的工作的同时，也受到了周围人们的青睐。他们中很多人对待当时年仅20多岁的我也十分周到。于是，我便开始思考："**被人们和财富垂青的这些人，到底哪里和我们不同呢？**"

我把业务工作暂时搁在一边，不断地向客户们讨教经验："**我要怎么做，才能成为像你一样的人呢？**"

通过和客户们不断地交流，我的人生发生了翻天覆地的变化。由此，我注意到，**人们其实就像iPhone一样**，出厂设置都是一模一样的，但由于后来安装的应用程序不同，所以逐渐发展成完全不同的人生。

我比较走运的是，遇到了很多有钱人和拥有良好人际关系的人，通过与他们的相遇和交流，我也在自己的人生iPhone中下载安装了很多很不错的应用程序。之后，我又将这些告诉我周围的伙伴和朋友，他们也将这些应用程序安装在自己的人生iPhone中，因此，大家都受到了人们和金钱的喜爱。

在这些人中，有人告诉我："要在自己的人生iPhone里安装与之前截然不同的应用程序，实在是很困难啊。而且无论我怎么努力，都没有被财富垂青，依旧被别人呼来唤去。但是，我遇到了你，小晃，然后我真的尝试更换了自己的应用程序，果真变得幸福起来了！谢谢你！"

此外，我还想要拓展更多的应用程序，因此会经常举办研讨会和演讲，现在在我的官方首页（http://www.hondakochan.com/）上大家也可以通过视频来同步学习。

在本书中，我已经预先将希望通过研讨会和演讲传达给大家的内容进行了汇总。

如果你现在不幸福，或者没能实现梦想的话，不妨试试看，给自己换上其他的应用程序怎么样呢？

　　在这本书中，我把所有从富裕阶层的人那里听到的、自己下载并安装的应用程序都一一进行了介绍。如果大家在这些应用程序当中发现了自己喜欢的，并且安装上了，从此变得幸福快乐，愉快地实现了梦想的话，那对我来说，将会是莫大的慰藉。

　　　　　　　　2017年8月　成书于夏日的轻井泽　本田晃一

Chapter 1	重建自我认知：明确与世界的关系
	你改变，世界就会改变

Chapter 2
最关键的因素是人：让机遇爆发
抓住机遇的根本，与他人产生联结

Chapter 3　**重塑财富观：认知财富本质**

找到财富的地图

Chapter 4 人生效率再认识：获得绝对优势

清除认知障碍，让人生加速

Chapter 1

重建自我认知：明确与世界的关系

你改变，世界就会改变

'

01
深刻认知自我价值

绝对不能向着错误的方向前进

首先，我解释一下为什么要理清思绪。如果最开始的思绪出现了偏颇，别说实现梦想了，整个人生都会朝着错误的方向前进。

因此，请允许我详细地说明最开始的法则。

想要实现梦想，首先最重要的就是做好思想准备，理清你的思绪。

可以简单地用一个词概括，那就是"乐趣"。

从"乐趣"这一点出发，那么终点也将充满"乐趣"。

兴奋地憧憬着"我想试试做这件事"，于是朝着这个方向出发，最终也将达成"最初自己想做的事"并收获满满的"乐趣"；而如果最开始就严厉地告诫自己"这样可不行""这个程度还远远不够"，最终到达的世界也会是"这样不行""这还差得远"的境地。

这样看来，的确是最开始搞错了前进的方向吧。

当然，在实现梦想的过程中，也有人靠着不断吃苦、不断忍耐最终到达梦想的彼岸。

但是，既然最终的目标都是攀上山顶，那么既可以一边哀鸣，一边攀爬悬崖峭壁；也可以一边欣赏路边的花圃，一边轻松愉快地向上攀爬。

到达山顶有很多种途径，选择哪一条是你的自由。人们只要选择自己想选的道路就好，因为无论是哪种形式，最后都得是由你自己走完当初所选择的人生路。

打个比方，即使现在的你从事着自己并不想做的工作，可那最初也是由你自己选择的。

可能你会找很多理由，"都是被爸妈规劝才做这份工作的""当时只有这份工作""如果不做的话会生活不下去的"，明明还有别的选项，可以从事其他工作，然而当时接受了这份你现在不想做的工作的人，就是你自己。

因为并没有任何的规定，说如果你不做这份工作的话就会立刻被"杀"，确实没有，对吧？也就是说，当时你还有别的选择，那就是不接受这份让你不情愿的工作。

但是，最终决定"做这份工作"的人，还是你自己。

下面我想告诉大家的是，最终决定你的判断的，其实是你对自己的整体印象。

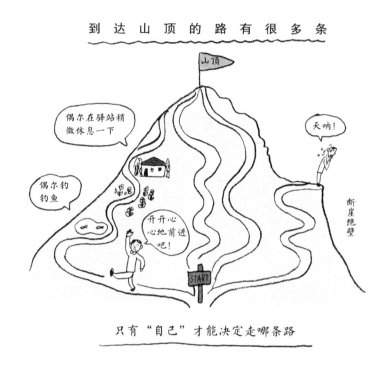

人，对自己如何评价，会决定最终做出怎样的选择。

比如，如果认为自己"必须更加努力""还差得远"，那么相应地就会选择与之相符的选项，人生也会随之被染成相同的色调。

如果怀着"最喜欢自己了""更欢快地生活吧""轻松一点儿实现梦想也未尝不可呀"这样的想法，那么逐渐地，人生也会在这样的基调上发展。

无论选择哪一种人生，都不存在对错之分。因为做决定的人是你自己，所以选哪个都行。

顺便说一句，我选择了令人愉悦的那种。因为那看起来既有趣，又不费力。最终的结果是，现在的我正过着轻松快乐的生活。

我想，绝大部分的人一定都想过快乐、轻松、幸福的生活吧。这样的话就很简单了，选择这种人生就好啦。

对自己的印象越好、评价越高，能实现的事就越多

现在的你可能会想："但是，没办法这么顺利地进行吧？"

然而，这恰恰就是你对自己的印象及评价。

也就是说，你认为自己"没办法顺顺利利、轻松愉快地实现梦想。像这样简简单单就实现梦想的人生，无论如何也做不到吧"。

其实我们每一个人，都是将对自己的评价和印象投射在生活中度过一生的。现在的你，也正反映着你对自己的印象，是你自我评价的产物。

但是，如果你"再也不想过这样的人生了""想更轻松地实现梦想"的话，那就必须改写你对自己的评价。因为你的自我评价和印象 = 当下的你的人生。

究竟想成为怎样的自己？想度过怎样的人生？什么样的自己才是最幸福的？希望你能仔细想清楚这些问题的答案，并根据答案刻画出你的自画像，牢记于心。

老实说，若是大家都轻轻松松地实现梦想，那岂不是最好了吗？

有一部分"超级受虐狂"只希望被小皮鞭严厉地抽打，历尽千辛万苦实现梦想，也就是所谓的"一边哀鸣一边攀登悬崖峭壁"。除了这一部分人以外，大家都认为在轻松愉快、充实幸福的生活中实现梦想，是最好的吧。

既然如此，那就大大方方承认吧。如果憧憬这样的方式和生活，那么较高的自我评价则会大大有益于梦想的实现。

认为"轻而易举就能获得幸福"的人与认为"轻而易举不可能获得幸福"的人相比，当然是前者能更快、更容易地获得幸福了。

收我做弟子的竹田和平先生是一位持有超过100家上市公司的大股东。他也是一位被称为"日本的沃伦·巴菲特①"的富豪投资家。

非常遗憾，和平先生去年仙逝了。我同和平先生一同起居生活了500多个日日夜夜，一对一地学到了许多他的真传。

这位和平先生对自我的评价就极高。他坚信"每个人都应当发自内心地爱自己"，这一信条也成了他在自我评价中决不动摇的一部分。

和平先生有时会露出极少见的、严峻的神色，我觉得不对劲便问他怎么了，原来他是在为第二天要举办的讲演会而苦恼。

"小晃啊（小晃是和平先生对我的爱称），虽说之前他们邀请了我在明天的讲演会上说几句，但我担心我一出场，大家都喜欢我了，这样有点儿对不起主办方哪。"

和平先生一脸正经地说着这样的大话（笑）。

他的自我评价该有多高啊！但这样活着的话，大部分事情

---

① 沃伦·巴菲特（Warren Buffett），全球著名的投资商，1930年8月30日生于美国内布拉斯加州的奥马哈市。

应该都能进行得很顺利吧。大家不这样认为吗?

自我评价高也好、低也好,这是每个人的自由。只是,自我评价越高的人,能实现的事也就越多,这一点是毋庸置疑的。

每当我想起总是笑脸迎人,给周围带去欢笑和幸福的"花见花开老爷爷"和平先生,都由衷感叹,这位先生无论怀揣怎样的梦想,一定都能将其实现,他的生活一定幸福又美满。

顺利推进的关键,是专注于"已拥有的"

在提高自我评价、追逐梦想的道路上,非常重要的一点是,不要将精力集中于"我缺少……",而是要着眼于"我拥有……"

举例来说,假设现在你有一个十分宏伟的梦想——"我想变成有钱人!"

在这个梦想的里层,你的自我印象和自我评价其实是:"现在我还没有这么多钱……"

包含我在内的大部分人,怀抱的梦想越宏大,对梦想与现实的落差就会越失望,越容易向"我缺少……"的境况低头。

随后，注意力也随之转移到"屈服了的自己"之上，渐渐地会越来越在意这份"缺失"，意识到的问题也被不断放大。

如果把人的感情比作大树的话，意识就是使这棵大树成长的水和营养的源头。

如果倾注以"我缺少……"的意识，那就会在"缺少……"的前提下实现梦想；如果倾注以"我拥有……"的意识，那就会在"拥有……"的前提下实现梦想。

比如说我吧，当时家父的公司虽说负债累累，但如之前所言，我在"环游澳大利亚之旅"结束归国后，并未觉得当时的境况有多悲惨。

由于在澳大利亚的旅途环境都是沙漠和丛林，因此那时每天都是住在帐篷里的，回到日本之后，仅仅只是住在自己的房间里都让我感到无比幸福。为什么这么说呢？因为那时我心中充盈着一种"我拥有……"的幸福感。

梦想破灭的时刻，其实只是你没有意识到在现实生活中已经具备的、被满满地包围着的"自己已经拥有的东西"，反而被渴望和欠缺感所支配了而已。于是，你的世界便是以"我缺少……"为前提被创造了出来。

我环游世界后的感悟是："日本真是一个超受眷顾的国家！"

　　·即使丢了钱包，也会被不认识的人拾起交给警察。

　　·用纯净到几乎可以饮用的水冲洗厕所。

　　·在地铁里不用担心抢劫，很多人都在里面安心地打盹儿。

从全然不同的世界各国回到日本之后，对之前认为"在日本这是理所当然"的事情都感动万分。

此后，我能顺利发展下去的原因在于，我将这样的幸福感不断扩大并传递给周围的人，唤起了他们的共鸣。这也是我后来发觉的。

实现梦想，首先要以"我拥有……"为前提进行思考。这一点非常重要。

◆ 以愉快的心情出发，能愉快地实现梦想。

◆ 积极地改写自我评价，有助于推动自身向前发展。

◆ 以"我缺少……"为前提思考和行动，则会创造出以
  "缺少……"为前提的世界；若以"我拥有……"为前
  提的话，则会创造出以"拥有……"为前提的世界。

02
了解自己内心深处的渴望和需求

为何自己总会和进展不顺、不受欢迎的人来往？

如果你想改变现在的人生，渴望轻松地、欢呼雀跃地实现梦想的人生，那么尽可能地提高自我评价对此将会大有裨益。

每个人对待自己的方式，也就是对自己的评价和自我印象会直接关系到社会对待你的方式。

比如，假设有一群人和曾经的我一样认为："我啊，又土又不会社交，反正也就只能和与自己相似的人做朋友了吧……"这样一来，现实慢慢就会发展成完全符合他们预想的那种类型。

顺便一提，我曾经也有过"要成为大土豪"的雄心壮志，说白了其实是因为当时我一点儿都不受欢迎（笑）。自卑感若是过强的话，树立的梦想就会宏大到不合情理的地步。

希望我们都能记住：自己如何对待自己（自我评价）=社会如何对待你。

说一个稍微有点儿偏题的事，虽然由身为丈夫的我来说有点儿不好意思，但是鄙人的妻子，的的确确是出类拔萃的。

这样一位优秀女性的父亲，不仅和我的身高体型一模一样，就连我俩的名字也都是一样的！不是有一种说法：和爸爸关系好的女儿将来在择偶时也会选择和爸爸相似的人吗？没想到果真如此。

如果年轻时的我早知道和现在的岳父一样就能娶到这么秀外慧中的老婆，哪里还用得着自卑呢（笑）？

好，让我们回归正题吧。

在这里，我有一点要提醒大家注意。

在努力提高自我评价的过程中，有一个任何人都可能会落入的陷阱。想要提高自我评价无可厚非，但越细想就越像是在宣誓："现在的我对自己的评价还很低。"

也就是说，"希望提高自我评价"="现在的自己依然自我评价不高、不受欢迎"。如果一直怀抱着这样的认知，那无论做什么，都只会被痛苦和辛酸充斥。

原本自我评价低的人以"提高自我评价为目的"，结果反而落得刚才所说的辛酸局面。

因此，自我评价低的人不应该仅仅"提高自我评价"，更应当着眼于"提高自我评价后想做什么""想感受到什么"。

我在二十七八岁时，曾憧憬过成为开着法拉利汽车，到处受人追捧的"法拉利公子哥儿"。

但我仔细琢磨了之后，发现开法拉利并不是我的终极目标，而是想通过开跑车受到女生们的欢迎。

之后我再深入挖掘自己的真实想法发现，"自己其实对那些被法拉利钓上来的轻浮女孩儿们并没有好感"。这也就是说，我想要的并不是法拉利汽车。

细细想来，我希望能和一位即使没有法拉利也愿意喜欢我的女孩子一起感受生活中的幸福。

"什么嘛，这样的话没有法拉利也没什么大不了嘛！"

真 正 想 要 的 是 什 么？

我真正的梦想并不是有一辆法拉利，而是和相爱的人一同微笑着，捕捉每一个幸福的瞬间。我真正追求的，是"和她在一起的幸福"。

如上所述，**提高自我评价并不是最终目的。搞清楚"自己追求的到底是什么"及"究竟想要感受到什么"非常关键。**

试着问问自己，所谓"想做的事"是真心想做的吗？

自我评价固然越高越好，但提高自我评价并不是最终目的，最重要的是想明白"自己真正想做的是什么"。明确了"想做的事"和"追求的东西"之后，便能朝着这个方向，一往无前。

然而，**还有一件事必须注意，人类可以若无其事地对自己撒谎。**

明明想做的是另一件事，但由于嫉妒、固执或是奇怪的自尊之类复杂情感的阻拦，人们往往看不清自己真正的梦想，这才导致他们向着"完全偏离"的方向发展。

我就有过这样的切身体会。

在我20多岁的最后几年里，我成功重建了家父濒临破产的公司，也猛赚了一大笔钱。我将扭转局势的窍门提供给其他企业，并开始担当他们的顾问。

就是在这样的背景下，我注意到企业顾客中有一家公司，这家公司人才济济，满眼都是精明能干的人，这让我第一次感觉到："原来经营管理层是这种感觉！"大家都穿着名牌西装，戴着金属框架的眼镜，干净利落地做决定，丝毫不拖泥带水。确实给人以工作能力超强的印象。

"天哪！我也想成为这样的人！"我这样想着，也不顾自己2.0的好视力，飞奔去配了副伊达眼镜。

名牌西装也买好了，甚至连笔记本电脑都尝试着选了两台不同尺寸的，以方便左右手分别操作，而这些显然没有任何必要。这样一套置办下来，我看起来就是一位超级能干的顾问了。

但是我的内心不知怎的，总感觉不舒服。现在想来，一定是因为内心的本我并不认同当时那副模样的自己吧。

自己对自己撒了谎，隐藏了自己的真实想法，骗自己说这就是自己想做的事情。

结果怎样了呢？

与我所期待的背道而驰的人生出现了。某天，曾一起背包旅行的伙伴给我打来了电话。

"本田君，周末你有空吗？"

"才没有。得工作哪。"

"工作这么多你吃得消吗？"

"我还不是想着多挣点儿钱，早点儿退休，再去全世界走走看看嘛。"

"那你去环球旅游时想做什么呢？"

"想认识很多国家的人，和他们开心地打闹、聊天儿呗。"

"这样的话，那这周末你来呗？原本就是想邀请你过来，在我家里办个烧烤大会，很多别的国家的人也会来哦，会很开心的。"

"说什么傻话呢。我可不能像你似的整天就知道玩儿。"

我这么说着就愤愤地挂断了电话，但是挂了电话后才反应过来："哎？好像不是这么回事儿……"我怕不是搞错了什么吧？我原本也想在周末聚餐吃烧烤的呀。

过了不久，那家伙又给我发来了喜帖："我结婚啦！但我的存款只有25000日元，所以，贺礼钱，你懂的！"我因为坚信要结婚的话，至少要有1亿日元的存款，因此看到他的喜帖时大吃了一惊。为了婚后妻子能安心持家，不用为家计操心，1亿日元的存款怎么说也是少不得的吧。

我的这种观念根深蒂固，因此对这家伙感到很恼火："别开玩笑了，这家伙！没钱结什么婚哪！"

但在内心深处我其实是很羡慕他的。我也想周末和朋友们聚餐吃烧烤，也想即使只有25000日元也能欢笑着结婚。

明明这些才是真正能使我兴奋的、我真正想要做的事，我却想象着自己装腔作势地戴着伊达眼镜，两手拿着笔记本电脑，做着与自己一点儿也不相称的经营管理层的工作。因此，我走上了并不为自己所期待的人生之路。

这也正是使我变成烦躁、不开心、不幸福的人的重要原因。

沉浸其中会让梦想闪光

要想弄清真正的意图，即"想做的究竟是什么"，像刚才说的那样，集中注意力于"目标达成后，希望感受到什么"至关重要。

曾经渴望法拉利的我真正想要的，其实是和喜欢自己的女生一起感受生活中的点滴幸福。

曾经以顾问身份工作的我内心真正的渴望并不是成为一流的商务人士，而是和亲朋好友们一起其乐融融地吃吃烧烤、聊聊天。

以多次旅行经验讴歌人生的作家罗伯特·哈里斯[1]有一句至理名言："想象理想中的自己，心底都感到震颤。"能让自己切换成欢呼雀跃的状态，明确"我想做！""我想要！""我想成为！"这些目标，只有自己内心真正的渴望。

搞清楚自己真实的想法之后，就放手去做吧！想到了就立刻着手去做，便能以超光速向梦想进发。

> ◆ 能让自己转变为"欢呼雀跃状态"的，只有自己真正想做的事。

---

[1] 罗伯特·哈里斯（Robert Harris），英国重量级畅销小说家。

03
提高自我评价，重获自信

接纳自己会带来不可思议的效力

自我评价之所以重要，是因为自己对待自己的方式 = 社会对待自己的方式。

如果自暴自弃地认为"我反正就这样了"，那么周围的人对自己的评价也都将是"反正你也就这样了"。想要成功、获得认可，最关键的是认可自己。

简而言之，就是一个人能在多大程度上接纳自己。

周围常见的一种人是，能够接受"出色的自己"，却无法接受"拙劣的自己"。我曾经就是这样的人。如果像这样只接受自己美好的一半，却拒绝接受自己不好的另一半的话，那么社会也将只认同你美好的一半。

如果你想要获得社会的认可，那么首先必须获得你对自己的认可。

像前面章节中所提到的那样，20岁左右的我深陷自卑情绪无法自拔，所以才会热切地希望出现一个能让自己自豪的"新的我"，因此才冒出了骑自行车环游澳大利亚的想法。然而，澳大利亚实在是太广阔了，我在中途备受打击，最终还是买了汽车。

如果果真如我所愿，完成了骑行环游的壮举，那我将变得非常有信心，"超爱自己"。所以，我当时一边懊恼着"我怎么就又失败了呢"，一边带着一如既往的自卑情绪继续旅行。

有一天我在当地的一家小酒馆喝酒，当时正盛行一种游戏，"请悲惨经历最搞笑的兄弟喝啤酒"。

在轮到我发言之前，最搞笑的一个是由"Mr.59"先生讲述的。他之所以叫"59先生"，是因为当他准备给牛烙上"59"的编号时，被牛狠狠踢了一脚，结果烙在了自己的大腿上。

他给大家展示了烙在自己大腿上的"59"编号，大家都爆笑不止。

"那位日本的小老弟，你有没有什么悲惨经历？"被这样问到的我，把自己在路上的经历娓娓道来。

"我嘛，是从岛国来的，原本以为澳大利亚也是一个岛国，所以打算骑自行车绕行一圈儿的。但是，仅仅是横穿澳大利亚都要花上55天，我这才恍然大悟，澳大利亚根本不是岛国，是大陆啊！这不，我刚刚买了车，最后还是得靠汽车。哦，顺道说一句，我的名字就叫HONDA（本田）。"

我刚一说完，大家都笑得前仰后合。

"你最惨！今天你是冠军！"于是每个人都来请我喝了一杯啤酒，那是我第一次"爱上失败了的自己"。

一直以来，我都只能接受"环游澳大利亚一圈的了不起的自己"，无法接受"遭受挫败的自己"。但是小酒馆里的大家笑着接纳了失败了的我。

就在那个瞬间，我的心理发生了变化："咦？失败的自己，好像也不错嘛！"经历了这样的思想转变后，我也能接纳"失败了的自己"。

无用的自己没什么不好，失败了的自己也被人爱着，明白了这一点后，失败就不再令人胆怯了。即便偶尔还是会失败、会显得很无用，但此时不可思议的效力已经开始发挥作用了。"大家会因此更爱我的呀，耶！"这样想着便又能不断迎接新的挑战了。

因此，不仅仅要接纳"顺利进行中的自己"和"优秀出色的自己"，还要能接纳"失败了的自己"和"无用的自己"，这样机会就会越来越多，离梦想也会越来越近。

接纳自己的诀窍在于"另一个自己"

"失败了的自己""无用的自己"确实是很难接受的，但若像我之前那样，把自己失败的经历拿出来和大家分享的话，笑闹之间也就不会过分在意了。

失败并没有自己想象的那么悲惨，如果把失败当笑话一样说给别人听的话，自己也会同别人一起笑出来，忽然之间也能接纳无用、失败的自己了。

如果你能接纳不好的自己，那么社会也将接纳那样的你。事实就是如此不可思议。

当然，还有别的方法能让自己接纳"无用的自己"。那就是改变经常否定自己的那个"我"的性格。

心中那个经常否定自己的"我"，在意识到自己"无用"的时候，这个"我"就会嚷嚷道："这样不行！""你在干什么！"

接纳自己的诀窍，就是改变这个"严格的自我"，使他成为"全盘肯定自己的我"。比如，可以想象成一个从各方面肯定前辈的积极后辈的形象。

每当失败时，不要让"严格的自我"出现，试着让这位积极的后辈登场吧。

"前辈，刚才那项任务超难的，但前辈还是迎难而上，真的很厉害哟！"

有这样给自己加油打气的后辈在，接纳"无用的自己"就会变得比较轻松了。或者有一个能够理解自己的亲近的朋友，总能和自己的情况产生共鸣："啊，我懂，我懂……"有这样的朋友也会起到相同的作用。

塑造出一个这样的"我"：无论面对什么样的自己，都能与其保持同一战线，宽慰自己，肯定自己，这样就能改掉否定自己的习惯。

接 纳 无 用 的 自 己 的 诀 窍

把自己的"无用"当成
笑话讲

变身为无论如何都对前辈予
以肯定的后辈吧!

放声大笑原谅失败
了的自己

改变常常否定自己的另一个
"我"的性格

养成肯定自我的新习惯十分重要,我建议每当"严厉的自我"快要出现时,都尽力克制住,并让"肯定自己"的那个"我"重新登场。

"无用的自己也是最棒的!"靠这种观念大获全胜

关于接纳"无用的自己",心理咨询师心屋仁之助先生也发表过相同的言论。

四年前我与心屋先生初次见面,便促膝长谈了整整六个小时。

自从在电视里看到心屋先生后，我便一直想着"这个人好有趣啊，真希望能认识他"，如今，我竟真的有机会能亲自将他介绍给大家。给我留下深刻印象的，是心屋先生的这一段话：

"每个人都在不断奋斗、努力着，并期待努力的成果最终能获得认可，但是不断向上累加的东西最后是会崩盘的，努力也是同样。这也就是说，努力崩盘了之后，自己便会丧失获得认可的依据。如此说来，那怎样做才好呢？答案是肯定无用的自己。'自己现在的样子就是最棒的！'这样想的话，就绝对不会崩盘。"

总而言之，正是因为自己的无用，所以才要努力奋斗，努力获得认可。但是人上有人，因而一直没办法到达理想的彼岸，便会痛苦万分。

于是我们又会鞭挞自己："这样的话是不行的！要更加努力！"但是这样的话，即使拼命努力，也会在某一个瞬间全面崩溃。拼命学习却还是没考上大学，拼命工作却还是不被认可。

努力，并不意味着一定能收获想要的结果。反倒是之前越努力，失败后对自己就越没有信心。即便继续朝着这条路走下去，前方也不会有我们所期待的成功。

究竟怎样做才好呢？心屋先生说，**从最开始就不要"奋斗"，要坚信即使不奋斗，自己依旧很优秀。**

"这可不是什么歪理哦，小晃。而是从心底里接纳并认同原原本本的自己，是下定决心坚定不移地相信自己真的很厉害。如此一来，丰盛美好的事物会源源不断地从远方向自己涌来。"

心屋先生在坚定了"我是最棒的！"这种信念之后，就像做梦一样不可思议而又自然而然地频繁受邀登上电视，出版书籍，等等。

对照个人的经验，我确实感觉到：一旦观念发生了转变，变成"爱上失败了的自己"或"最差的自己其实是最棒的自己"的一瞬间，仿佛运气也开始变好了。

我在澳大利亚的小酒吧里，将观念转变为"爱上失败了的自己"之后回到了日本。然而当时家父的公司债台高筑，欠下了数亿日元的债款，当时的情况的确是非常棘手的。

如果是之前那个自卑情绪满满的我，一定会想："唉，不行了……"于是举白旗投降。但是由于我的观念转变了，"爱

上失败了的自己"，因此没有将注意力集中在无用的自己或是
穷途末路的情况之上。在这样的观念中，我不但没有怨天尤人
地白白浪费时间，反而在网上成立了买卖高尔夫会员资格的组
织，也促使成交额大幅度提升。由此可见，对自我的评价或印
象的确非常重要。

人因长处而受人尊敬，因短处而为人所爱

若要提高自我评价，就不要从"现在的自己是无用的"这
一观点出发。如果否定现在的自己，只想着去成为不一样的自
己，那么不仅会让自己感到痛苦，过程也不会太顺利。

而如果将观念转变为"现在的自己难道不好吗？现在的自
己最棒了！"的话，反而会在不知不觉中获得社会的认可，渐
渐地，运气也会跟着变好。

顺便一提，我一直憧憬的"欢呼雀跃着实现了梦想，一路
走得顺顺当当的人们"，其实在他们身上也能看到许多不足之
处。比如，我非常尊敬的畅销书作家翡翠小太郎先生，就教给
了我这样一句绝佳的金句——**"人因他的长处而受人尊敬，因
他的短处而为人所爱。"**

翡翠小太郎先生虽说是一名畅销书作家，每当他当众演讲时，却总是慌慌张张、手忙脚乱。

他常常一边说"我啊，在人前尽出洋相了"，一边咬到了自己的舌头。

但这略显笨拙的样子反倒极有魅力。翡翠先生在网上有个粉丝群，据说每当翡翠先生在演讲中不小心咬了舌头时，粉丝群里就立刻有消息发出来："刚刚，咬到舌头啦！"读了消息的粉丝们则会回复："哎呀，早知道就去看今天的演讲了。"

对这样的对话感到诧异的我，细致地询问了翡翠先生。翡翠小太郎先生这样回复了我。

"我呀，并不想让别人看到我出洋相时的样子，想尽可能地隐藏，但后来我明白了，让读者们看到我出洋相时的窘态，他们反而会愉快地接纳我。

"我这时才恍然大悟，人因他的长处而受人尊敬，因他的短处而为人所爱，原来是这么一回事儿啊。

"缺点，并不是缺点，而是作为'我'所不可或缺的点。"

直到今天，我仍会被这段话所震撼。

认可"现在的自己"会让运气好转起来

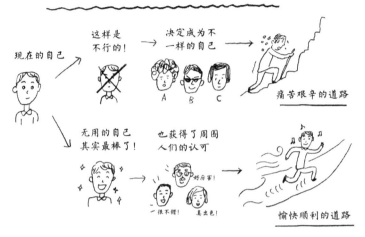

当然了，也有人在我们一表现出缺点时就嫌弃得不得了。他们往往在我们表现出"无用的自己"时，把我们当成傻瓜一样嘲弄，或者嫌弃地大吼："滚到旁边去！"如果你身边也有这样的人，那还不如趁早被他嫌弃的好。因为即使待在一起，也不会开心的。

说得更深一些，**那种人其实是在你表露出"无用的自己"的时候，看到了他们自己的影子。**然而他们又不想承认这一点，所以才会否定他们所看到的"无用的你"。

但是，他们这样做其实也否定了他们自己，既无法获得幸福，也不能实现梦想。

怎么想怎么做是那些人的自由，想要实现梦想的你离他们远一些便好。不过我认为你甚至不用苦恼，因为那些人早早地便会嫌弃你并且离你远远的。这样你反而可以轻松自在、幸福快乐地在你自己的人生路上前进。

◆ 把失败经历当成笑话讲出来，反而更能接纳"无用的自己"。

◆ 坚信任何状态下的自己都是最棒的，会让运气逐渐好转。

04
试着练习犒劳自己

越贫乏的人对自己越是冷淡

有一类人对周围的人和社会非常严格，这是因为他们从不犒劳自己。

如果自己能够适当犒赏自己的话，周围的人也会跟着奖赏你，自己也会被周围人所喜爱。这些最终会作用在自己身上，不仅会提高自我评价，还会变成容易实现梦想的体质。

我曾听过这样的一则逸闻。松下电器的创始人松下幸之助，相信大家都不陌生吧？据说，有时秘书走进会长办公室时看到松下幸之助在抚摸自己的脑袋。

"会长，您身体不舒服吗？"

"我正在表扬自己呢，凭着中学毕业的文凭一路走到了现在的位置，真了不起呀！"

天啊，原来松下幸之助也会这样表扬自己，当真是不可思议！松下幸之助将松下电器发展壮大成规模庞大的企业，受到了许多人的尊敬。这样了不起的人也会常常表扬自己，这实在是出乎意料。

表扬自己这件事看起来虽然十分别扭，但连大名鼎鼎的松下幸之助都常常自我表扬，那我们也试着不时地赞美自己吧。

我们常常责备自己、否定自己，却鲜少表扬自己、犒劳自己。

但是，我们对待自己的方式=社会对待我们的方式。因此，我们更应当常常犒赏自己，更珍爱自己。不可思议的是，自己重视自己，会让世界也重视你。

我个人通过从事买卖高尔夫球会员资格的工作，领悟到了一些真谛。越是有钱人，越会慷慨地"给予"自己。他们对待自己十分坦率真诚，对待别人也非常亲切坦诚，因此也会被别人坦诚、温柔地对待。由此，一种良性循环就产生了。

然而贫乏的人会认为，"对自己这般纵容太过奢侈，绝对

行不通"，于是冷漠地对待自己。而"富裕指数"越高，对自己越是宽容大度，实现梦想也就越容易。

工作的缘故，我常常需要购买千疋屋①装在桐木箱里售卖的甜瓜。但是，我从来没为自己买过一回装在桐木箱里的甜瓜。

有一次我终于下定决心，为自己买了一个甜瓜来吃，果真是美味至极。

像这样明明自己有能力可以做到，却不愿为自己做的事有很多很多。除了我以外，还有很多人乐意招待别人，却不愿款待自己。

因此我认为，犒劳自己真的非常重要。长此以往，不仅别人会更加认真地对待你，你的自我评价也会提高，梦想也将更容易实现。

养成习惯，即便是再小的事也要赞美自己

那么，我们究竟应该如何犒劳自己呢？答案是，**不管是**

---

① 千疋屋，高级水果店。创业于日本天保五年（1834），单个甜瓜的价格在850~1700人民币。

多么微小的成就，无论如何也要先赞美自己一番。不要仅仅以了不起的大成就赞美自己，要尽量做到赞美自己每一个微小的成就。

即使自己暂时什么都没有做成，即使完全没有"我虽然什么都没做成，但依然想要努力赞美自己，这样的自己也很棒"这样的想法，也一定要这样想——"虽然我一点儿也不觉得自己厉害，但我依然像他们告诉我的那样，对自己说'你做得真棒'，这样的自己也挺厉害！"

简而言之，就是要降低表扬自己的标准，即使自己身处低位，也要肯定自己。这样一来，便愈发能接纳"无用的自己"。

此外，表扬自己每一个微小的成就，会带动周边的人也跟着赞美你的每一个小小的进步，逐渐地你也会越来越受欢迎。

对那些无法珍视自己的人，我尤其推荐这种思维方式。

虽说前面都是别人的经验之谈，但你试想一下，如果有一尊国宝级别的弥勒菩萨像存放在你这里，你会怎么做？

你一定会非常爱惜、非常小心谨慎地对待它吧？为防止菩萨像被划伤一定会仔仔细细地裹上丝绵，轻手轻脚地搬运，小心翼翼地取放吧？

那么，弥勒菩萨像和你自己，哪一个更重要呢？用你的性命来换取那尊弥勒菩萨像，你愿意吗？大部分的人，应该是不愿意的吧。

也就是说，相比起国宝级的弥勒菩萨像，自己更为重要。那么试着再问自己一次："对待如此珍贵的东西，你还要这样糟蹋吗？"

因此，**每当你不珍惜自己时，请记住："我，比国宝级的弥勒菩萨像更珍贵！"**

◆ 自己对待自己的方式＝社会对待你的方式。
  首先，从犒劳自己做起吧。

◆ 犒劳自己的第一步，赞美自己的每一个微小成就。

05
成为"接纳者",机会将不断涌现

接纳别人的赞美

通过赞美和犒劳自己,可以使自己成为"接纳者"。所谓接纳,就像毫不犹豫地为自己买上一个价格不菲的甜瓜,即使自己无用也依然可以淡然接受"你真厉害"这类的赞美。

犒赏自己的目的,是认可"无用的自己"、提高自我评价,但最根本的目的是"成为接纳者"。

能否成为"接纳者",与能否变得充实富足有直接的关联。

如果不接纳、不接受的话,是没办法变富有的。

眼前摆着1万日元,接受了的话,就会变得富有;不接受的话,还是一无所有。不断地接受、接纳,就会不断地变富足。

道理就是如此。

为了成为"接纳者"，需要不断练习：犒劳自己，赞美自己，把自己夸上天，之后大大方方地接纳被赞美的自己。总而言之，也就是要不断练习并成为"能坦然接纳他人赞美的自己"。

为什么要做这样的训练呢？因为自己赞美自己，会带动别人也来赞美你。

大致是这样的顺序：赞美自己（认可自己）→赞美他人（认可他人）→被他人赞美（被他人认可）。

富足、机遇、成功等，都是与"人脉"直接相关的。如果在别人赞美你时，被你一连串的"不不不……"拒绝了的话，那等同于将随之而来的机遇、好运、富足、幸福也一并拒绝了。

比如，在一个十分不错的机遇面前，"拒绝者"习惯了说"不不不……"从而白白错失了良机；而"接纳者"则会想着"尝试做做看也不错"，继而抓住了机会，此后，同等级别的机会便源源不断地涌向"接纳者"。

因此，能否成为"接纳者"，是人生中很重要的问题。

我在"奔三"的那段时间里，有一阵子因为自己"非常不受欢迎"而万分苦恼。

虽说我在工作上顺风顺水，也算是有钱，但在女生缘方面完全没有自信。也就是说，我首先认定了自己不行，根本不认可自己。

就在那时，我偶然参加了一个研讨会，机缘巧合下加入了一个全是24~25岁年轻漂亮女生的小组。小组的功课是组员之间相互赞美。

女生们赞美我说："你的笑容真爽朗呀！"那一瞬间我汗流浃背，几乎想要条件反射地回绝："不不不，没有的！"

但是，当时功课的课题是"赞美，并接受"，于是我虽然一身冷汗，却还是拼命努力地试着接受赞美："嗯，是啊。我的笑容的确很爽朗！"

就这样，两周后，我如愿以偿地追到了自己心中的女神。这听起来非常不真实，但事实的确如此。

变成"接纳者"真的非常重要。实现了自己梦想的人，在被别人赞美时看起来都非常开心。

在我认识的人中，心屋仁之助先生可谓是"接纳者"中的"达人"。心屋先生虽说不是歌手，但他实现了在武道馆开演唱会的愿望。

心屋先生和大多数歌手一样，通过开售有价演唱会门票，召集了几千位听众，在武道馆的舞台上神气活现地又弹又唱。那时他只学了八个月的钢琴，但依然在武道会的舞台上演奏了，而且还颇具和福山雅治①一样的灵气。我认为这样的心屋先生超级帅气，同时感叹，他的自我评价该有多高啊，他究竟是多么擅于"接纳"呀！

我被如此耀眼的心屋先生所震撼，向他询问怎样才能这么坦荡不胆怯呢？心屋先生是这么回答我的：

"小晃啊，愿意来听我演唱会的，都是那些只要看到我就会觉得开心的人哪。心怀感激地接纳这些人的好意，并把他们的好意看作粉丝热情。这也就是说，他们对我的喜爱与我表演的好坏没有关系。"

原来如此，人们从接纳开始变得富足，不思前想后顾虑太多，自己的梦想也会被接纳。我被这样的想法感化了。由于这一点十分重要，希望大家一定要牢记于心。

十分之一的"赞美反馈"法则

成为"接纳者"，就要能够接纳别人的赞美，我认为这很关键。

①福山雅治，1969年2月6日出生于日本长崎县长崎市。日本著名男歌手、演员、词曲制作人、摄影师。

"但是我这个人哪，完全接受不了别人夸我。我也没有机会被别人夸。"这样想的人请先使劲儿赞美别人，并且试着回想一下刚才的顺序。

赞美自己（认可自己），接着便能够赞美他人（变得能够认可他人），之后便能够获得他人的赞美（被他人认可）。

首先要赞美自己，接下来要做的就是赞美他人。

赞美十个人，大概就会有一个人反过来赞美你。赞美一百个人的话，就可能会被十个人赞美。

被别人赞美了，就立刻说"谢谢"并接受赞美，反复进行这样的练习就好。即使一时找不到赞美的内容也没有关系，请不断地使用下面这些话：

"你的笑容真美。"

"你的品位真好。"

"你真是一个爽朗的人哪。"

"刚才你说的话，真有意思呀。"

"和你在一起，我感觉很安心。"

　　无论是什么样的人，一定都有值得赞美的地方。总之先试着赞美别人。赞美了一百个人的话，大概会有十个人反过来赞美你，之后请立刻对对方说"谢谢"。

　　最开始，接受赞美可能会让你觉得羞愧不舒服，不妨先试着说出"谢谢""是啊"。这还只是演习，不是正式的，所以请卸下肩头的负担试着做做看吧。

持续赞美，不知不觉间变身为王

　　可悲的是，贫穷的人不接纳他人的"谢谢"，反而在别的事情上下苦功夫。曾经的我也是一样，无论如何都没办法接纳女性朋友们的赞美，反而一个劲儿地努力，买敞篷车和游艇。

　　赞美别人，会让自己也渐渐习惯被别人赞美。最初也许会稍显笨拙，持续下去的话就会越来越得心应手。

　　习惯了被赞美，便会形成一个美丽的错觉：自己无论做什么都会被赞美。

　　这种错觉是长大成人后，无论如何都可以通过自我训练来形成的。因此，请一定要习惯这种模式：赞美他人，也被他人赞美。

在心理学中也有一个类似的说法，将手掌朝上，会更容易接纳对方给予自己的赞美。

特别是，不断地赞美那些无名英雄，往往会有超乎想象的好事发生。

我和和平先生无论一起去到哪里，都会赞美在那里遇到的人，由此，往往会受到当地人极其友善、热情的款待。我亲身见证了这一点。

当我在意大利进行新婚旅行时，由于餐厅的菜品实在是太美味了，所以我极力地赞美了餐厅的工作人员。

最开始我只是对服务员夸奖说："Buono，Buono！（好吃！）"后又觉得不够，便对妻子说："我去趟后厨，一会儿就回来！"接着就走进了厨房里。

我对餐厅厨房里的所有人说："Buono，Buono！"并与他们一一握手。大家都非常欣喜，争相邀请我："这个也好吃，尝尝这个！""也尝尝这个！"我仿佛受到了VIP待遇。

第二天我们仍旧去了那一家餐厅。"这里的景色更美。"服务员一边说着一边领着我们去了更好的座位，而我明明只是按照旅游指南手册给了她一笔数额一般的小费。

所以说，赞美他人绝不会导致恶果，最差的结果也不过是被无视而已。

如前所述，当我们赞美他人时，**有十分之一的可能性也被他人赞美；有百分之一的可能性会发生超乎想象的极好的事。这时，就请心怀感激地接受吧。**

养成赞美他人的习惯，会让我们在不知不觉间仿佛做梦一样，受到他人"国王级的对待"。

◆ 赞美十个人会有一个人反过来赞美你。
　这时请练习立刻感激地接纳这份赞美吧。

◆ 赞美那些无名英雄，往往会有许多好事发生。

06
用心看世界，发现情绪背后的真相

人们都戴着自己独特的有色眼镜看待世界

自我评价，是我们看待自己的方式。现在，我想说一说我们看待世界（他人）的方式。

我们看待世界（虽然我们自己也包含在这个世界内）的方式，我将其称之为"滤镜"。什么样的滤镜，对应什么样的对待梦想的态度。肯定的，或是否定的。

人们都戴着自己专属的有色眼镜看待世界。有色眼镜，也即刚才我所说的滤镜，是在这个人成长的环境、家庭中父母的言传身教，以及自己的经历、经验等因素的共同作用下形成的。

戴着红色眼镜的人，看到的世界是红彤彤的；戴着黑色眼镜的人，看到的世界是暗沉沉的；戴着扭曲的有色眼镜的人，看到的世界也都是扭曲的。

戴着怎样的有色眼镜，也就是滤镜，看待世界，因人而异。这种不同会决定人们对待梦想的不同态度，甚至会造成人生质量的巨大差异。

比如，透过"世界严峻险恶"的眼镜看待世界的人，只能看到一条通往梦想的途径——一条悬崖峭壁中的险峻之路。

因此，他一边哀鸣，一边攀登险峰，还会经常经历一些挫折。

而戴着"世界很温柔"的有色眼镜的人，在追逐梦想时映入眼帘的也只有一条路——一条充满鸟语花香的温馨之路。

"啊，花儿开了呀，菜粉蝶也在飞呢……"一边哼着歌，一边在海蒂①的世界中徜徉，最终登上顶峰。选择哪一条道路都可以，那是你的自由。

①《海蒂》，瑞士儿童文学作家翰娜·斯比丽的代表作。描写在阿尔卑斯山的小屋内和祖父一起生活的少女海蒂的故事。

假如你想选择"海蒂之路"的话，那就必须更换自己的滤镜。

使世界基本上呈现出温柔色调的"海蒂的眼镜"是透明无色的。因此，将你的滤镜更换成透明的、锃亮的滤镜比较好，而不是那种带着颜色的、扭曲的滤镜。

从"条件反射的否定滤镜"后侧看待世界

要做到这一点，首先必须弄清楚自己戴着什么颜色的有色眼镜，**也就是明确自己究竟透过什么样的滤镜看待世界，这是第一步。明确这一点最简单的方法是，观察自己被他人赞美时的反应。**

"才没有这回事呢！""不不不，没有的……""也不是什么了不起的事。"条件反射地回绝了别人赞美的人，是在戴着"世界严峻险恶"的有色眼镜看待世界。这一类人通常会以严格的否定的目光看待别人、审视自己，因此也比较容易在断崖绝壁的追梦道路上前进。

从自我评价的角度来说，他们比较倾向于否定自己，认为自己是无能的废柴。

以谦逊为美德的日本人中，有许许多多的人都戴着这种"条件反射般的否定滤镜"。不仅如此，他们还强行要求别人也要同自己一样。

当我还是初中生时，有一位归国子女的同级生和我在同一个补习班上课。这名女生刚从国外回来，英语口语非常好。

"This is an apple."这一句中的"apple"，她的发音就是地道的英音"アポー①"。于是班里一个留着中分发型的像胖虎②一样的男生就戏弄她说："嘿，她刚刚说是'アポー'呢。"

从那以后，那名女生特意将发音改换成了日式英语的"阿普鲁"。

像这样被别人强行要求，从而扭曲了自己的滤镜，不见得是一件好事。所以，今后若被人出言讽刺，抑或被戏弄嘲笑，请不要改变自己的滤镜，回上一句"谢谢"便足够了。

稍微说点儿偏题的话，日本人原本就是一个这样的群体，

---

① 苹果的日式音标，英式音标为['æpl]。后文中的"阿普鲁"是模仿日式英语"アップル"（appuru）的发音。

② 《哆啦A梦》里的人物。

非常容易戴上传统的，像是国民文化一样的"条件反射般的否定滤镜"。

家长、学校、老师、上司、社会等，这些方方面面的人无时无刻不在给我们灌输"再努力一点儿""别太张扬"的思想。于是不知不觉间，这种思想就在我们的脑海中根深蒂固。

所以，要取下这种"条件反射般的否定滤镜"实在太难了。

同时我认为，若是养成了从滤镜后方观察世界的习惯，这也没什么不好。不过正因为世间万物的形象都在穿过滤镜之后被扭曲，进而映入我们的眼帘。因此，**我们才更要养成习惯，推测事物扭曲变形之前，也就是穿过滤镜之前，真实的样子。**

比如，有一个人对自己十分气愤（你通过滤镜觉察到了这种情绪）。这时你就应当思考，这种气愤背后究竟隐藏着什么样的情感呢？

愤怒的根源，其实是一种"想要守护什么"和"想这样做"的理想及爱意。本质上是十分美好的东西。同样地：

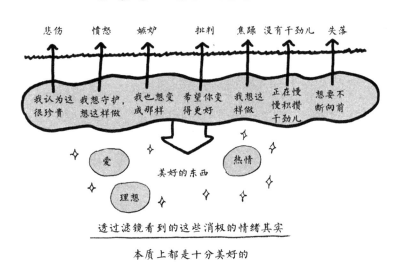

从 滤 镜 的 后 侧 看 待 世 界

悲伤　　愤怒　　嫉妒　　批判　　焦躁　没有干劲儿　失落

我认为这很珍贵　我想守护，想这样做　我也想变成那样　希望你变得更好　我想这样做　正在慢慢积攒干劲儿　想要不断向前

爱　　热情　　理想

美好的东西

透过滤镜看到的这些消极的情绪其实

本质上都是十分美好的

悲伤的根源，是"我认为这很珍贵"的爱意；

焦躁的根源，是"我想这样做"的热情；

嫉妒的背后，是"我也想变成那样"的理想；

批判的背后，是"希望你变更好"的爱意；

没有干劲儿的背后，是"正在慢慢积攒干劲儿"的努力；

失落的情绪背后，隐藏着"想要不断前进"的上进心。

我们接收到的这些负面的、否定的情绪，其实在它们穿透滤镜之前，都是十分美好的东西。发现了这一点，我们便能转换心情，从容愉悦地接纳这些负面信息。

进展顺利的人们所佩戴的滤镜都是充满爱意的

如上所述，要把有颜色的、扭曲的滤镜整个儿更换是非常困难的，把现有的滤镜磨光擦亮却可以做到。

在自己的心里整理出一套像翻译词典一样的东西，将"消极的东西中隐藏的美好"解析破译出来。

做到这一点之后，无论是谁来向你倾诉"我真是悲伤到极限了"，你都可以敏锐地发现藏在其背后的真实情感并给出回应："原来你用情这么深的呀！"于是你在倾诉对象的眼中便像是占卜师一般："哎？你是怎么知道的啊？"

同样地，无论谁对自己火冒三丈，你都可以从另一个角度来看待："这个人想要守护的，究竟是什么呢？"如此这般，你和冲你发火的人之间便不是以愤怒为纽带相互连接了，而是与对方的某种爱意产生了共鸣。

这样发展下去的话，人际关系会得到明显的改善。你会发现，充斥的愤怒、悲伤等负面情绪的世界，原来竟是一个被爱所包围的世界。

如何看待世界，大富豪们的滤镜对我们而言非常有借鉴意义。举一个和平先生的例子。

有一天我和和平先生一起去800日元左右的套餐店里吃饭，和平先生点了"饭团"，但是饭团已经售罄了。

店员说："但我们还有一些白米饭。"听了这话我心中不禁反感："有白米饭的话，那就捏饭团啊！"

这时，和平先生却笑眯眯地说："哦，那这真是可喜可贺呀。"

我疑惑不解："咦？这有什么可祝贺的呢？"和平先生回答道："满员祝贺①是可喜可贺的呀。"

大家难道不认为这很厉害吗？通常大家都会生气或反感的事情，和平先生却从中感悟出了幸福。透过爱的滤镜看待世界，无论世事如何，都能感受到幸福，也因此才能变得幸福，人生才会快乐圆满。

我和和平先生一起散步时，他也常常和我说这样的话。

---

① 满员、客满祝贺。原先是用在日本相扑的正式比赛中，用来表示入场观赛者达到了一定的人数，后引申引用于演艺界、棒球比赛、活动现场，以及饮食服务行业等。

"小晃啊，你说这些花儿，也真是厉害呀。下面的花也好，上面的花也好，所有的花儿，全部都是朝着我们人开的呀。看来整个世界都想让我们开心啊。"

我不禁感慨，和平先生的自我评价，究竟是有多高呀。

之后我在观察花朵时发现，花朵不尽然都是向着人们开的，但是如果想着"花朵都在向着人开呢"，会超级幸福吧。

如果我们都能像和平先生一样，戴着锃亮的滤镜看待世界的话，世界也会充满梦想的闪光吧。

◆ 通过观察被人赞美时自己的反应，可以了解自己透过哪种滤镜看待世界。

◆ 习惯于否定、拒绝他人赞美的人，请练习以"感谢"的心态坦然接受赞美吧。

07
第一步，明确自己的"标尺"

大家都是被父母的"标尺"愚弄着生存下去的

自我评价=对自己的印象和看法，滤镜=对世界的印象及看法，除这两者之外，还有"标尺"的存在。标尺决定了每一种因人而异的价值观、世事的善恶及优先顺序，但有时，这也会成为追梦路上的枷锁。

比如，"不要给别人添麻烦""不可以说谎"这一类的标准位于"标尺"中较高的层级，因此优先顺序和价值也就相对较高。如果把给别人添麻烦的人或者说谎的人放在"标尺"上的话，那他们处于最下层的位置。

"标尺"也被称为价值观、常识，但并不是所有人都是相同的。仔细观察自己的那把"标尺"，你会发现，**其实你的标尺是以父母的喜好为基准制定的，也就是说，本质上它是父母的"标尺"**。

千人千面，也会有不同人的"标尺"完全相反的情况。

比如，一个人的"标尺"是"孜孜不倦、刻苦努力的人非常了不起"。而这种标尺其实源于这个人所受的家庭教育。

与此相反，另一个家庭的"标尺"则是"孜孜不倦、刻苦努力的人是大傻瓜，认真做事愚蠢透顶"。像这样标尺完全相反的情况也是有的。

实际上，确实是有一种人，他们的家训好像就是如此，对他们而言，"孜孜不倦、刻苦勤奋"位于他们家族"标尺"的下层。

在我们少不更事的年纪，父母便潜移默化地将他们的"标尺"播撒并根植在我们的思想当中。因此，我们通常并不清楚自己究竟拿着一把怎样的"标尺"。

但是只要你试着回想一下父母珍视的或相反的令他们恼怒的事情，便可以大致了解自己手中的那把"标尺"。被父亲或母亲所珍视的，都处于"标尺"的上层；而被他们所否定的，则都被归于"标尺"的下层。

也有人拿着和父母完全相反的"标尺",但本质上,用尽量不招致误解的说法来表达的话,其实也是一种"无法容忍对父母所说的话言听计从"的标尺。

如果将顺从父母"标尺"的人归类为优等生,违背了父母的意志,秉持着反对的"标尺"的人就成了叛逆者、不良青年。

但这两者无一不是以父母的"标尺"为基准,这一点毋庸置疑。我们中的绝大部分人,都是被父母的"标尺"愚弄着生存下去的。

然而,"标尺"并不是绝对的。这个世界上有很多人秉持与自己不同的"标尺"。所以,请你首先明确一点,世界上的"标尺"成千上万,不计其数。

试着将纵向的"标尺"放平

在前面的章节里,我提到过,提高自我评价,社会对自己的评价也会跟着提高,自己也能幸福地向梦想靠近。**实际上,在提高自我评价时,几乎所有人都会掉入"标尺"的陷阱里。**

简而言之，就是**自我评价较高的自己＝符合父母"标尺"的自己＝被父母认同的自己。**

我们错误地以为，顺应了父母的期待（叛逆者则是忤逆父母的期待），也就是实现了父母的梦想，自我评价便能提高。

然而正如我反复强调的，父母的"标尺"并不是绝对的。如果顺从父母的"标尺"，即便将自己放在了"标尺"中刻度极高的位置上（对叛逆者来说则是将自己置于刻度较低的位置），也并不意味着实现了自己的梦想。

按部就班地顺从父母的安排，拼命努力上了好大学、进了好公司，等回过神儿来却发现："咦？自己根本没变幸福呀！"这样的人，不少吧？

因此，我认为我们不应当被父母的"标尺"所愚弄，若真想提高自我评价，最好重新审视一下无意识中束缚着自己的那把"标尺"。

那么我们究竟应该怎么做呢？

非常简单，**将一直以来竖着看的"标尺"横放。不要上下比较，而要左右环顾。从上下"优劣"等级的世界中跳脱出**

来，简单地横向看待这个仅仅是类别有所不同的世界。

如果把"勤奋刻苦认真努力的人最好"和"勤奋刻苦认真努力的人最蠢"这两种观点横向对比的话，就没有了孰优孰劣的上下之分，而变成了单纯的类别不同。这样一来，对人优劣好坏的"评价"也会消失得无影无踪，取而代之的是一种横向的、水平的看待世界和他人的眼光。

请试着想象一下横向放置的"标尺"的形象，你就能顿悟："原来如此，原来不是上下，而仅仅只是类别的不同啊。"

将"标尺"放平，便能从被"标尺"刻度高低所牵引的一喜一忧中解脱出来，重获自由。

比如，以"刻苦认真的人最好"为标尺的人，一直以来的努力都是为了将自己在标尺上的刻度位置提高哪怕一毫米。

哪怕只是提高了一毫米，他都会欣喜若狂；若是下降了哪怕一毫米，他都会消沉失望。然而这仅仅只是有一毫米的变动。

在认为"刻苦认真的人最蠢"的人看来，整个事情则会变成："这都是些什么呀？怕不是个傻子吧？"

因此，还是将"标尺"放平吧。这样一来，便不会再被"标尺"的上下刻度所牵动，也就是说，不会再被父母断定的优劣标准所愚弄，继而也能看清楚自己真实的梦想和目标。

像法布尔①观察昆虫一样观察世事

将"标尺"放平，不以上下优劣，而仅仅以分类的视角来看待世事的方式，我将其称之为"法布尔昆虫记"。

螳螂在捕食蟋蟀时，法布尔并没有说："螳螂在吃蟋蟀呀！螳螂好过分！"

蜣螂（屎壳郎）在滚粪球时，法布尔也没有说："好恶心！这是在干吗啊！"

他只是在观察："这种虫子的天性是这样的。"

将"标尺"放平，优劣等级便荡然无存。

————————

① 让·亨利·卡西米尔·法布尔（1823—1915），法国博物学家、动物行为家、昆虫学家、科普作家，以《昆虫记》一书留名后世。

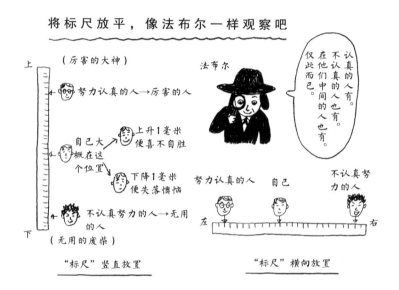

将标尺放平，像法布尔一样观察吧

看待他人的眼光不再是主观批判性质的——"不刻苦努力，还投机取巧，真是不可原谅！"而是客观陈述性质的——"嗯，这个人不是那种认真努力的类型，是那种处世圆滑、用巧劲儿的人啊。"

这并不是把别人当傻瓜，而是尊重那个人的角色特性。

以平常的眼光看待世事：就是这样的生物，就是这样的性格，仅此而已。如此一来，便不会再瞩目于事物的优劣，也不会再执着于将优劣的评判套用在自己身上，以至于自己也被其牵引，受其愚弄。

之后，心绪便能平和稳定，自己真正想怎么做、想成为什么样的人，都不会再被父母的"标尺"所左右，反而能做出真实的自我评价。

如果，纵向的"标尺"开始出现，内心蠢蠢欲动地开始上下衡量自己和他人的优劣，请像这样反复说给自己听：

　　"不要竖着看，要横着看哦！"
　　"不是上下优劣，只是类型不同而已哦！"
　　"要像法布尔博士那样客观地观察哦！"

将与他人标尺的不同看作"只是社团活动的不同而已"

视觉上将"标尺"横放，非常有助于消除上下优劣的价值观。但是，改变自己长年累月形成的"标尺"实属不易。

况且，孩子总是希望得到父母的认可，总希望能被父母关爱，这些最基本的情感需求是无法改变的。因此，大家都为了回应父母的梦想和期待（标尺）而不懈努力着。即使是叛逆儿童，也是为了吸引父母的关心和爱意，才故意忤逆了父母的期待（标尺）。

因此，人们总是容易做些违背本心的事，只是为了让父母开心。他们在"标尺"的两个极端，在两种完全相反的境地拼命努力。他们容易在不知不觉间选择"并不能让自己快乐的评判标尺"。

这诚然是一个非常棘手的问题，扪心自问，什么样的生活才是能让自己舒心的生活？大家的回答恐怕都是，"父母中意的生活"或者是"与那种生活完全相反的生活"。因此，如果只是浮在表面不深入挖掘的话，很难找到自己内心的向往，因为自己都不曾关注过这个问题。

这时候，**要弄清楚什么是"能让自己舒心的评判标尺"，关键的判定准则是"自己有没有变成欢呼雀跃的状态"**。不要用脑筋去思考，而要问问自己真实的感受："现在的自己，有没有雀跃的兴奋感？"

人们在生活方式这个问题上，很容易出现站队现象。把和自己有着相同生活方式的人视为队友，而将那些与自己生活方式不同的人视为敌人。其实，每个人都认为："自己的活法是最棒的！"

我们应该把与他人标尺的不同视为"只是参加的社团活动不同而已"，这么想的话，就会发生很大的变化。请你试着回想一下，学生时代，你没有因为别人参加了不同的社团活动就否定他吧？同样地，我建议大家用一样的心态去看待与他人标尺的不同。

如果自己和对方的"标尺"大相径庭，那么怀着"那个社团活动也不错嘛，看起来挺有趣"的想法，便不会排斥对方，反而能发自内心地尊重对方。

我们每个人都是自己"人生部门的部长"。"我啊，虽然不搞表演，但是表演部的部长也很厉害啊！"用这样的态度与人交往，心情会轻松愉快很多。

到头来，父母最终的愿望还是希望孩子们能幸福，而不是按照父母亲的"标尺"来生活。所以，孩子们按照自己的标尺生活，获得幸福就足够了。

这才是真真正正地孝敬父母。

◆ 大家都是被父母的"标尺"左右着生活下去的。

◆ 如果碰到和自己拿着不同"标尺"的人，就想"他只是和我参加了不同的社团活动而已"，如此便能接受与自己不同的价值观了。

Chapter **2**

最关键的因素是人：让机遇爆发

抓住机遇的根本，与他人产生联结

08
与他人共享快乐便能收获快乐

与他人共享"快乐"，从而制造和他人的联结

我认为，处好人际关系，有助于我们实现大部分的梦想。

处好人际关系，能让我们更轻松地迈向更上一级的台阶。

无论我们身处哪个阶段，都不可避免地会出现一些和自己合不来的人。但如果轻易地拒绝和那些人接触，我们自己也会变得难以继续前行。

相反，如果将那些人视为一起登山的向导或伙伴，欢呼雀跃地和他们一起前进的话，"神明"便会欣喜地替我们盖上"合格"的通关印章，由此，我们便可轻快地向下一个阶段进发。处好人际关系，大致就是这种感觉。

所以说，我的方法非常简单。

首先，要赞美和犒劳自己，让自己开心起来。掌握了能让自己开心的方法后，便能理解让他人开心的方法。接着，将这个方法传授给下一个人。这样，喜悦开心便能在许许多多的人中流转开来。

有时也会出现让自己感到不舒服的人，那其实是因为这些人身上有着曾经自己无法接纳的无用的自我的影子。我们要直面并接纳这样的自己，每晚睡觉之前，尝试着去肯定这部分的自己："好了好了，那个时候你已经做得很不错啦。"

重复这个过程持续一周左右，之后便不会再轻易否定自己讨厌的人。这也就意味着，接纳了过去自己讨厌的、失败的自己。

不断地重复这样的过程，会孕育出一种充满温情的人际关系的暖流，待到回过神来才发现，自己已经在不知不觉间被升格到了下一个阶段里。

归根结底，**梦想、机遇、富足、幸福，所有的这些全部都是借由人的力量达成的。**因此，营造出一种温馨温暖、惬意舒适的人际关系十分重要。

向梦想靠拢的"喜悦的流转"法则

摸摸头

好了好了，
让自己开心

掌握了让
自己开心
的方法

摸摸头

好了好了，明
白了让别人开
心的方法

将这个方法告诉
许许多多的人

哇

变成"喜悦的
流转"

"神明"会将我们抬升至下一个阶段

即使现在互联网高度普及，但在网络上发表言论的还是人类。如何制造与他人的联结，能否构建出一种好的人际关系都会对我们的人生产生重大影响。

我认为，成为处理人际关系的达人，是我们轻松愉快地实现梦想的捷径。

我曾白白收到过价值200万日元的喷射滑艇

处好人际关系的一个重点是"快乐"。若是能共享"快乐"的话，那么无论和谁在一起都能处好关系，而且出乎意料的"好事"也会不断涌现。

举例来说，我曾经从完全不认识的人那里获得过一台喷射滑艇。

那台喷射滑艇可供1~3人乘坐，能在水面上飞驰。我拿到手时，它已经经过多处的改造，价值大约在200万日元。而我是从一个完全不认识的人那里，突然得到了这艘滑艇。

我20多岁时，有一次坐着小船出海，有一伙人驾驶着喷射滑艇向小船靠近，他们中有一个人对我说："抱歉，能不能借用一下你船上的厕所？"

我回答道："啊，没问题。"于是那伙人便登上船来，大家闲聊了一阵，随后关于大海的话题让大家都兴奋了起来，我和他们一起度过了十分愉快的时光。

这时，他们中的一位问我说："对喷射滑艇，你感兴趣吗？"我回答道："哎，我没那玩意儿啊。"于是他又说："我们正好有一艘不用的，你要不要？"我马上回答："啊，要！"就这样，他们真的给了我一艘喷射滑艇。听起来简直像梦一样吧？

此外，我还曾经从公园里偶然遇到的老伯那里收到过一台超高级的碳纤维自行车。

有一次我骑着自行车去公园遛弯，在那里碰巧遇到了一个老大爷，他跟我搭话说："小伙子，你的自行车不错嘛。"

我回答道："这台自行车啊，穿越过丛林和沙漠呢。"接着我就把自己横穿澳大利亚的一些趣闻说给老伯听，老伯听得津津有味，他说："其实我家里啊，有一台只骑过两次的自行车，闲置着可惜了，你来拿吧。我送给你了。"我连忙道谢："谢谢您啊！"过了几日，我去老伯家取自行车时发现，那是一台超高级的碳纤维自行车。

之后，我骑着那辆自行车从东京到了富士山，在富士山前和它合影，并把合影寄送给了那位老伯。

现在看来，仿佛确实是只要就什么话题聊得高兴了，我就一定会收到一些十分了不得的东西。这么说来，我还从和平先生那里收到过沉甸甸的金币呢。

用"快乐"与他人相连，他人也会以"快乐"回报。

这样不仅自己会更喜欢他人，他人也会更喜欢自己。人生也会变得更加轻松愉快，这难道不就是轻松幸福生活的诀窍吗？

擅用"影子赞美法"巧妙拉近与他人的距离

想要欢呼雀跃着幸福地生活，我还推荐一种方法——"影子赞美法"。这是经营玩具博物馆的北原照久先生传授给我的，北原照久先生是我为数众多的师父中的一位。

简单介绍一下这个方法，比如说你和A、B三人相互都认识，当B在场而A不在场时，你便可以当着B的面赞美A："A那个人真不错啊。"

听了你对A的赞美，B会对你留下很好的印象："那家伙是一个赞美别人的好人哪。"这之后，B很有可能会在你不在场时向A透露："前阵子，那家伙表扬你了哦。"

这样的事情不断循环，赞美会招来新的赞美，A、B和其他人也会反过来赞美你、夸奖你。**对别人的"赞美"，最终会兜兜转转回到自己身上，成为对自己的"赞美"。**

顺便一提，我能和现在的妻子交往，也完全是受益于这种"影子赞美法"。我在和妻子交往之前，会在她不在场时，向妻子的朋友说很多很多她的好话。

这样一来，妻子的朋友们不自觉地就会在她跟前表扬我："本田君，真是个很不错的人呀！"可喜可贺，我最终抱得美人归，如愿以偿地和她交往了。

话说回来，我发现最近没怎么用"影子赞美法"表扬妻子呢，这有点儿不妙啊（笑）。

总之，如果将"影子赞美法"形成习惯的话，便可以轻松快乐地与他人产生联结，拉近和别人的距离。

◆ 首先要赞美和犒劳自己，让自己开心。掌握了让自己开心的方法后，将这个方法向其他人付诸实践。
与他人共享快乐喜悦，"神明"都会给你盖上合格的印章。

◆ 以人为媒介，间接地使用"影子赞美法"，可以轻松愉快地与他人产生联结。

09
描绘梦想，展现自己的魅力

自我介绍，要从"挖掘初心"开始

富有魅力的人，受人欢迎。因此，我们要不断磨炼自己，让自己更具魅力、更受欢迎。停止磨炼的时刻，也就是我们垂垂老矣的时刻，这一点是无法避免的。那么，让我来告诉你一个方法吧，让你在每一个当下，都能对自己的魅力充满自信，并能充分地将这份魅力展示出来。和自己欣赏的意中人成为好朋友，被自己憧憬的人疼爱，都会让我们更加靠近自己的梦想，而且也会加速我们磨炼自己的过程。

"磨炼自己"和"与优秀的人相遇"像是自行车的前后轮一样，是你追我赶、相互促进的关系。

记住让别人眼前一亮的自我宣传、介绍的方法绝对有百利而无一害，而这钢铁般的王道技巧其实只有一条。那就是"挖掘初心"，也就是深入地挖掘和探究自己为什么那么做，自己是不是对某件事过于纠结。

不断追问自己："归根结底是为什么呢？""事情演变到这种地步，究竟是什么原因造成的呢？""为什么会产生那样的原因呢？"突然之间，你会惊讶地发现钻石原石就在这一系列的追问中出现了。

最终的答案会如同钻石一般闪耀，绽放出引人注目的光彩。

我是在替家父的公司制作官方首页时，第一次注意到"挖掘初心"这个方法的。

"说到底你为什么要开与高尔夫球相关的公司呢？"

我这样询问父亲时，最初他给我的回答是："因为能挣钱呀。"

"但是别的能挣钱的工作也有很多吧？为什么偏偏选了高尔夫呢？"

我就在不断的追问中，发掘了父亲最开始创办公司时的"初心"，父亲对我说了这样的话：

通过"挖掘初心"表达梦想

"我20岁左右开始打高尔夫，每次去打高尔夫球的前一天晚上，我都会激动得像要去郊游似的，压根儿睡不着觉。既然打高尔夫球这么有趣，我当时就想，要是能成立一家公司，把这样的乐趣告诉大家，那该有多好啊。"

没想到，父亲竟然说得这么好。我一边暗暗钦佩父亲，一边着手将父亲创办公司最初的动机写进了公司的主页里。

"'明天就要去打高尔夫了！'你也是这样想着，于是便如同期待郊游一般，激动得睡不着觉吗？"

主页上打出这样的标语之后，成交额一下猛增了3倍。虽然我们确实在其他方面也下了一番功夫，但毫无疑问，写在公司主页上的"初心"为营业额的增长做出了卓越的贡献。

买卖高尔夫球会员资格的公司不胜枚举，但既然都是要买会员资格的话，还是会从那家和自己"初心"相同的公司买吧？

那些与父亲"初心"相连的人，最终都会成为父亲生意场上的客人。

自那以后，我便把座右铭改成了"把心房打开，财富滚滚来"。**"最初的动机"若和心底的意识紧密相连，财富的源泉自然也就打开了。**

我最开始只在生意场上使用这种方法。由于只把这法子用来挣钱，当我在担任其他公司顾问时，便把这方法传授给了他们："这样做的话，你准能赚大钱！"

我的一个朋友是一家公司的社长，他把我的这个方法活用到了相亲活动中。不是用来展现公司的魅力，倒是用来展现自己的魅力了。

"我最初就是在这样的家庭中成长的，因此这对我来说真的很重要，我一直怀着这样的梦想，希望能和理解我这份心情的人结婚。"

之后，他竟然真娶到了一位像模特一样如花似玉的妻子。他带着妻子，精神抖擞地出现在了我面前。

我问道："哦？您妻子是模特吧？""是啊！"他颇自豪地回答道。当时还没有女朋友的我，心下暗暗吃惊："真的假的！别开玩笑了吧！"

从"初心"延伸出的世界观就是梦想

像这样不断"挖掘初心"，最终必将会发现美好。

即使是最开始大言不惭地说"目的就是挣钱"的人，在深入挖掘"初心"之后，也能达到美好的爱意的彼岸。比如，其真实想法可能是希望通过金钱让家人安心，让父母过上更轻松的生活，等等。

"难不成，这就是爱吗？"深入挖掘到这一层的话，一切的原点便会"嘭"的一声被打开，能引起共鸣的美好事物便会接连不断地出现。

不仅仅是金钱，你还会与理想的伴侣邂逅，许许多多的机遇和幸运也将纷至沓来。

如果能将从"初心"延伸出的世界观流畅地表达出来，宏伟的理想，即梦想，就诞生了。

请深入挖掘这样的想法："如果持续探索'初心'的话，会变成什么样呢？"从美好的原点出发，必能产生给世界带来积极影响的美好理想。

苹果公司史蒂夫·乔布斯[①]，因擅长当众发表闻名遐迩，他说话时有一个特点，那就是能将自己的世界观侃侃道来，并且信心十足。

比如，最新版的iPhone发布时，乔布斯不会介绍它的尺寸等外观特点，而是将"拥有了这台iPhone后，你将拥有怎样的崭新生活"这种世界观娓娓道来。

于是，听众们虽然都还没有摸过最新版的iPhone，但他们的脑海中会清晰地浮现出自己在拥有iPhone后，生活的生动景象。

我在替父亲的公司制作主页时，也做了与此相似的工作。将父亲"像要去郊游一样激动"的"初心"作为出发的原点，接着为潜在客户们生动地描绘了一幅拥有高尔夫球会员资格后

---

① 史蒂夫·乔布斯（1955—2011），生于美国旧金山，苹果公司联合创办人。

的美好生活画卷："被高尔夫球带来的强烈快乐包围的话，无论是公司员工还是客户，应该都会感到幸福吧。让还没有体会到高尔夫球幸福奥秘的人领悟，'哇，打高尔夫球原来这么开心'，也是一种幸福。"

顺便一提，刚才提到的我那位朋友，他当时也勾勒了一幅婚后美好生活的理想图，他的女朋友听过之后两人一拍即合，女朋友对他瞬间来电，当即决定"就嫁这个人了"。

像这样不断挖掘"初心"，并将由此延伸出的理想，也就是梦想，清晰地展示出来——"接下来，世界会发生怎样的变化呢？"这样一来，你的魅力就会最大限度地传达给对方，你离梦想也会更近一步。

在对方的脑海中倒映出优秀的自己！

人具有一种特性，相比用思考传达的信息，更容易接受用感觉传递的信息，希望能将自己的魅力给对方留下深刻印象时。因为比起讲大道理，用感觉去传达会更有亲切感。

如果两个人拥有共同的经验或感受，那么自己的想法就可以瞬间传达给对方："啊！没错就是那样！"尤其是在和朋友或恋人相处时，如果期待加深与对方的羁绊，那么这种心意相通的时刻会一下子拉近彼此间的距离。因此，相处的关键，是如何相互靠近。

自己想要传达的梦想也好、想法也好，不要通过思考和语言的方式去传达，而要换成用体感、感觉的方式去传达。我认为这一点至关重要。

我常常对大家说这样的话：希望大家能在自己脑海中的银幕上投射出自己曾体验过的，或者想要传达的内容的影像。**之后，想象对方的脑海中也有一块类似的银幕，尝试着用能将自己银幕上的影像投射到对方银幕上的方式，和对方沟通。**

五官感受是形成具体影像时的重点。

以我在澳大利亚的骑行环游为例，当我在向别人描述时，我会这样说："你知道吗？说起沙漠啊，那叫一个无遮无挡，风停下的瞬间，那真是连一丝儿的声音都听不见哦！"或者这样说："日落的时候啊，人就好像是能听到太阳一点点沉下去的声音似的，每当日落时，我总想掏出威士忌的小瓶子，一饮而尽。等酒慢慢地被肠胃吸收了，再慢悠悠地取出萨克斯，吹奏一番。每到这种时候，我都会觉得，自己是全世界最帅的人！"

大量运用能带来感官刺激的描写和拟声词，绘声绘色地讲给别人听，这样的话在脑海中形成影像就十分容易了。

其实，诈骗犯也利用了这样的技巧。他们通过描述，让你在自己的脑海中对自己未曾经历过的事形成鲜明生动的影像。

他们会引导你在自己脑海中细致地描绘出各种图景。例如，"我身上其实流淌着伯爵家族的高贵血统，坐拥一笔巨大的财产，从小就被娇生惯养"，等等。

有人问："你怎么会被这样连篇的鬼话骗到呢？"这是由于这种方法能在人们脑海中的银幕上投射出十分具体生动的影像，因此才免不了常有人上当受骗。

在脑海中形成具体影像的方法就是具有如此巨大的冲击力。因此，请一定要把这方法用在正事上，绝对不可以拿来做坏事。之后我会详细阐明理由，不要被诈欺犯骗了，因为被他们骗财的确会很不好受。

此外，请一定牢记，坏心眼的人会用这种方法来做坏事，这一点自己一定要注意。

◆ 不断追溯自己的"初心"，一定能发掘出自己独特的钻石原石。

◆ 魅力表达的诀窍是，强烈刺激对方的视觉、听觉等"五感"。

10
接连不断地打开对方的"喜悦文件夹"

持续挖掘令对方开心的事物

不断"挖掘初心",能让自己找到自身美好的品质。同样的方法对他人也一样适用。

但这方法运用在他人身上时,仅限于挖掘对方热衷的事物,或能从中获得快乐的事物。若是不断深入挖掘对方的自卑或悲伤情绪的话,就会触怒对方,从而招致对方强烈的反感:"这家伙怎么回事啊!"

在人们心中,像电脑里文件夹一样的东西有很多。像是"悲伤文件夹""喜悦文件夹"等,不胜枚举。

每一个文件夹里都夹着一个过去的文件夹。例如，在"快乐文件夹"中，存放着类似于"这件事曾让我快乐"的回忆和感情。

这些回忆和感情交错混杂，生成了一个名为"快乐"的文件夹。这样想象十分有助理解。

实际上，大脑的运作也与之相似。

积极探寻存放着对方想和谁成为好友、希望别人喜欢自己等想法的"喜悦文件夹"或"快乐文件夹"，点击文件夹，将其逐一打开。

像进行寻宝游戏一样，寻找对方的"喜悦文件夹"，一旦发现，就立即展开深入挖掘，"挖这里呀，快快！"这样一来，即便自己只是和对方一起探寻宝藏，对方也会对自己青眼有加。

若你问我，具体应该怎样做呢？其实有很多的话题，诸如"你做什么事情时会感到开心呢？"或者"你喜欢什么样的音乐呢？"等等。

一边想着向对方发出什么样的询问可以打开他的"喜悦文件夹"，一边不断地向他发问就好。

从咨询的角度来看，询问的模式有三个阶段。也就是：

①询问最原始的动机、行动的出发点→"现在你在做什么呢？为什么要那样做呢？"

②询问由出发点和动机拓展出的理想→"那样做的话事情会变成什么样子呢？"

③询问为了实现理想（梦想），做了哪些事→"为此，至今为止你做过什么样的努力呢？"

这个过程的重点在于询问的方式。如果像调查问卷一样，重复地询问→回答→询问→回答，十分枯燥无聊。因此，如果能紧扣谈话内容，提出能让对话发展下去的问题就十分理想了。

最能让对方欣喜的充满力量的询问

然而，在普通的对话中用不着如此严密。只需一边关注对方的"喜悦文件夹"，一边询问对方即可。

"现在你在做什么呢？"

"现在你热衷于什么呢？"

"现在你在集中精力做什么？"

这些问题的回答虽然大致都是兴趣、工作或者家庭，但你抛出的问题对方回答了之后，一定要试着通过"啊，你真厉害！"这样的回应让对方感受到你的钦佩。

即使你并不认为对方"真厉害"，也请一定做出钦佩的表情。"试着去做"是非常重要的。

如果认为对方"是这样的人"，对方果真会渐渐变成那种人。

如果以"这个人不行啊"的眼光看待对方，对方就会越来越差劲；如果认为"这个人好棒啊"的话，那个人也会越来越优秀。

我刚开始担当企业顾问时，经常以"高高在上"的姿态看待客户。"要是没有我，这家公司肯定得黄"，我越是这样想，企业经营状况就真的越来越糟糕。

这样一来，我的咨询工作就没有意义了，于是中途我赶忙转换姿态，以"真厉害""真了不起"的欣赏眼光看待客户企业。

切换了态度之后，实际也见证了一些十分了不起的事情。认为客户企业"了不起"的这一想法拓宽了我的视野，让我得以真正注意到一些"了不起的事物"。

结局就是，公司逐渐有了起色，景况愈发好了起来。

不仅仅是工作中的人际关系，友情和爱情中的人际关系也是同样的道理。

大家也要让自己的眼睛明亮有神起来，养成夸赞别人"你真厉害"的习惯。渐次打开对方的"喜悦文件夹"，你们之间的氛围便会愈发融洽。

"你还真能大言不惭地说出那些酸倒牙的话呢"，也许也会有人这样想。这样想的人也请至少表现出一点点对对方的喜悦的同感。因为如果你对对方的情绪和倾诉漠不关心、冷眼相待的话，对方可不会再向你敞开心扉了。

追问、点头、微笑等，这些向对方传达你同感的小动作十分重要。

当然有些时候，对方会婉拒你的赞美："不不不，才不是什么值得佩服的事呢。"

在这种场合下，也有一种"免罪符询问"的提问方式。

"或许在你看来是没什么大不了的，可是在我看来十分了不起，我能问问吗？"

用这种方式询问，即使是害羞的人也会比较容易说出自己的"喜悦"。

如果是上了年纪的人，偶尔刺激一下过去的情感文件夹也未尝不可。

"您对这件事感到开心，这是不是跟您的学生时代有什么渊源呢？"我认为这样问的话，对方会比较容易将自己过去的快乐回忆和盘托出。

让自己在对方的"喜悦文件夹"中登场

点击对方的"喜悦文件夹"后，不要以文本的形式，而要用影像的形式导出对方的快乐回忆，这样做会让对方更加开心。

比如，一起回忆对方的学生时代时，不要只是直白地问："听说你那时打棒球呀，一定很开心吧？"而要用能在对方的脑海银幕中投射出他打棒球时的具体影像的方式与对方交流。

"当时的棒球队伍大概有几个人呢？"

"那你们集训^①的话，一定很辛苦吧？"

一旦脑海中的影像开始形成，对方的快乐指数就会不断攀升。

之后，就是隐藏绝技了，让自己出现在对方的那个文件夹中。换句话说，就是**要让对方的"喜悦文件夹"像中病毒一样，出现自己的影像。**

首先，要让对方的脑海银幕中再现出快乐的影像。这里设定一个与客户公司总经理的谈话来举例说明。

"总经理您在做什么事情时会感到快乐呢？"

"我啊，应该是观看棒球比赛吧。"

"您很喜欢棒球吧？"

"我可是一直打棒球打到大学呢。"

"哇，这么厉害！您是从什么时候开始打棒球的呢？"

"我是从高中时开始的，在那之前我一直踢足球来着。"

"什么原因让您觉得打棒球很有趣呢？"

"社团活动时偶尔被邀请去打棒球是开始的契机吧，那真

---

①日文中的"合宿"，即集训、共同寄宿。一个集体为达到某个目的而共同生活、共同努力一段时间，包括学生的社团活动、共同研究、职业训练等。

是很热血的社团活动呢。"

像这样让对方打开话匣子，畅谈青春时代的美好回忆，对方的"喜悦文件夹"也就被打开了。

不断深入挖掘，让对方在脑海的银幕中投射出影像，引出回忆中的具体情节："那是什么样的社团活动呢？""有什么很不得了的大事儿发生了吗？""发生了什么样的事情呢？"……

之后，自己就要看准时机，在对方的快乐影像中登场。

"说起棒球部，那有没有可爱的女经理人啊？"

"有的有的，她可是大家的偶像呢。"

"要是有那样的女孩儿，那我一定会抢在最前面追她，然后'嘭'的一下，壮烈牺牲了吧。"

"你看起来真像是会做出这种事儿的，确实有可能啊。"

"你说是吧？毕竟要是真有个可爱的小女生，我可是不会放着不管的。总经理您当时没追她？"

"说什么傻话呢？我当时一心只想着棒球。"

把自己加进对方的"喜悦文件夹"中

点击对方的
喜悦文件夹

引出具体的情节
让对方在脑海银幕中投影出来

让自己在对方的
脑海银幕中登场

"但如果当时社长您和那个女生说了的话，那你们一准儿能成。我算是壮烈牺牲了，之后您抱得美人归，那我的青春，真是一片灰暗啊。"

"哈哈哈，是这样啊。如果当时你和我都在，那你可要哭了。"

像这样将自己加进对方的剧本中，对方的"喜悦文件夹"中有了自己的存在，你们之间的距离会难以置信地大幅度拉近。

◆ 对别人"挖掘初心"也十分有效，能重新发现对方的魅力。

◆ 用能让自己出现在对方回忆文件夹中的方式与其沟通，将缩短你们之间的距离。

11
如何让对方与自己统一立场

律师竟然向诉讼的对方赠送玫瑰花，其真意是？

在我们的一生中，与人交涉是必不可少的。若是交涉可以顺利进行，那非但不会与对方发生矛盾冲突，反而能够以令双方都满意的条件得偿所愿。

因一些鸡毛蒜皮的小事与恋人争吵，最终甚至以分手收场；或者是与朋友间发生摩擦，最终走向绝交。对于此类事件，我们都要防止它们发生。

如何与他人交涉明明是一门十分重要的课程，但无论是在学校还是在公司，我们都没有上过这门必修课。我曾经也非常不擅长交涉，但我从许多成功人士那里学到了很多交涉的技巧，运用这些技巧，我确实在一定概率上以优渥的条件达成了自己的梦想。

我将这样的交涉方法告诉大家。

有许多人认为，所谓交涉，就是要在最大程度上打倒对方，这样才会对自己有利。事实上，也的确有这种类型的交涉。

在为了实现自己梦想的交涉中，第一步就是要和对方友好相处。为什么要这么做呢？之所以有交涉的必要，是因为眼下的境况单凭自己一个人无法解决。

进行交涉，意味着凭自己一人之力无论如何也无法应对，对方的参与是必要的。既然如此，比起孑然独立，倒不如首先和对方处好关系。

上面提到的律师朋友，是我在一个聚会上认识的，当时他说的话，于我可谓醍醐灌顶。

作为律师，免不了要与案件中的另一方交涉。按理说，与对方应该是一种敌对关系。然而，这位律师朋友，据说会在每桩案件审理之前赠送对方一束红玫瑰。

"为什么要这么做呢？"我问他。他眼神明亮似乎闪着光，回答我说："其实法官也不希望双方剑拔弩张的，法官是为了让双方都得到幸福才存在的。因此，我希望从今往后，双方都能获得幸福，我是怀着这样的心情，向仲裁对方赠送鲜花的。"

听到这个回答，我深受震撼，不禁感叹道："啊，的确！"我们若是与对方成为朋友的话，对方也会乐意向我们伸出援手。**交涉的对方是与我们一同解决问题的同志、是朋友。这样看待对方的话，既不用相互敌对，也不需劳神费力便能解决争端。**

能改变氛围的魔力之句——"我们该怎么办呢？"

方才的那位律师朋友向诉讼的对方赠送鲜花，就是想要表达"不对立，共同解决问题"的态度。将双方向着不对立、共同的方向引导的话，更容易实现双方各自的诉求。

应该用什么样的方式来共同应对问题呢？在世界银行工作的中野裕弓先生教了我一句最厉害的问话。

那就是——"我们该怎么办呢？"

比如，我事先预约了一家餐厅。一般都会先和前台确认"我是预约过的山田"，然后进店用餐，对吧？但是假设这家餐厅的前台接待说："啊，可是今天并没有接到山田先生的预约呢。"

这时双方便会产生纠纷："哎？没有接到预约吗？真伤脑筋啊。没有预约的话也让我们进去吧。""但是今天已经客满了。"

这时，若是中野先生，就会说："那我们应该怎么办呢？"向对方抛出问题"我们应该怎么办呢？"实际上就是不以敌对的态度和对方共同应对问题，而是和对方统一战线共同解决问题。

之后，如果前台接待回复说："即便您问了我们该怎么办，可我们依旧没有空座呀。"那就再次发问："那我们该怎么办呢？"

这样的话，对方就有可能会帮助我们做一些事情，比如，"既然如此，这边的一桌大概还有30分钟就能空出来，您能再稍等一会儿吗？"或者是"我们这家店虽然客满了，但是那家店的话说不定还有空位可以就餐。我现在就去安排一下。"

中野先生教导我说："小晃啊，关键在于，双方放下相互敌对的姿态，共同朝着对两方都有利的方向前进。"之后我将这种方法活用在很多场合，收获了许多非同凡响的好结果。

其中之一就是在我新婚环球旅游时发生的。由于我们沿途需要住很多酒店，预约时若事先说明"我们是来度蜜月的"，通常酒店会为我们免费升级房型，或者免费提供香槟为我们庆祝，一路上我们受到了极好的优待。

因此，我非常推荐新婚旅行的夫妇在预约酒店时事先向酒店说明"度蜜月"这一点。

然而当我们旅行到塔希提岛①时，居住在那里水上别墅的八成的人都是来度蜜月的。即使我们向前台接待说明："我们正在度蜜月。"对方也就见怪不怪地回了声："我知道。"并没有给我们升级房型。

我们于是下榻在了海滨旁边的一间高层房间里。那个房间浴室的出水有问题，蚊虫也很多，我和妻子都非常失望。

于是我便去找前台的接待大姐协商。

---

① 塔希提岛，南太平洋中部法属波利尼西亚社会群岛中向风群岛的最大岛屿。四季温暖如春、物产丰富。

一般这种情况，大家可能会采取投诉式的协商方式："房间的出水有问题，给我换房！"但当时，我决定采用"中野先生的方式"。

"你好，我是从日本来的游客，来这儿旅游一直是我的梦想。能来到这里我真的太开心了，谢谢你们！"首先以"感谢"切入主题。

接着，"我老婆在幼儿园时，偶然间看到了一张这里的照片，之后，来塔希提岛旅游就一直是她的梦想。我很想让我老婆尽兴。"

虽然这些话都是我编的，但因为前台接待是一名女性，因此我想试着扮演一名为妻子着想的体贴好男人。

"但是呢，我们的房间出水有问题，而且还有好多蚊子，我们都有点儿失望。我们想换到最好的海景房，但确实也知道你们家旅社人气实在太旺了。你能不能和我一起想办法，看看有没有什么法子能让我老婆高兴呢？"

就这样，我用了"中野先生的方式"中的小技巧："我们该怎么办呢？"接待大姐说："我明白了，您稍等一会儿。"于是便开始联机查询，恰好那一天，最好的一间房是空着的，事情就这样很好地解决了。

我和妻子于是便去那间房看了看，房间确实非常不错，我们都很想换房，但是那间房住一晚要花上25万日元。当时我们住的房间每晚10万日元，所以必须补交差价，之后我和妻子还需在塔希提岛住三晚，15万元日元×3晚，一共要补交45万日元！

之后，我再次去找前台接待。

"谢谢你呀。我老婆非常感动，这都是你的功劳呀。其实吧，我还有一个请求。这次是希望你能让我也高兴高兴。要是全额缴付差价的话，得需要补交45万日元，对吧？那我一回日本就得拼命工作，和老婆相处的时间就要缩短了，你看看有没有什么好办法呢？"

于是，接待的大姐竟然真的答应了我的请求，原本每晚需补交15万日元的差价，现在三晚一共只要再多交2万日元就可以了。

我简直不敢相信。

第二天早上，接待的大姐主动向我们打招呼："早上好！"我回答她说："不是早上好，是早上非常好！"大姐听了很高兴，免费送了我们香槟、水果等好多东西。

比起投诉式的敌对态度，引导双方朝着"一起变得幸福"的方向发展，将会构建起非常不错的人际关系，同时也会收获许多好的结果。

我建议大家在想要对恋人或朋友发牢骚时，采用这种"我们该怎么办呢？"的方式。不由分说地怨怼对方，会让对方也与你针锋相对，最后双方肯定会吵起来。

然而，若是向对方抛出**"真伤脑筋啊，我们该怎么办"**的疑问，双方就将共同面对问题、尝试用建设性的方法来解决问题："是啊，我们该怎么做呢？"

进展不顺时，先尝试着与对方产生共鸣

当与对方意见相左，或者对方以敌对的姿态面对自己时，首先试试看与对方产生共鸣或同感吧。

与朋友、恋人或工作伙伴在某件事情上意见完全相悖时，试试看和对方说："啊，原来是这样啊！"这样一来，就可以在某个方面和对方心意相通、产生共鸣。

与对方产生过一次共鸣之后，再"回击"对方："既然如

此，那这样做如何？"由于对方先前已经与自己心意相通了，因此此时对方将更容易成为自己的伙伴，赞同自己的提议。

我曾经专门研究过十分出色的营业员是如何说服别人的。曾经有阵子，有一位营业新手和一位非常厉害的老手轮番来我家推销新车。

我对比了一下这两个人的推销风格。那位新人十分热情地向我介绍车型、性能等，而那位营销老手则很擅长套我的话。

"您一般开车去哪儿呀？"或者"您在休息日时做什么呢？"等等。关于我现有的车子，他也常常说道："您一定很珍惜现在这部车吧。这样的话，您这车还能开挺久的呢。"听起来，他完全没有要向我推销新车的打算。

此后，他一边套我的话，一边对我说的话表示深深地认同。最后，他对我说："哪天您如果想买新车了，希望您能记得，我们这儿有您中意的车型。届时您若是能想起我来，那我再高兴不过了。"听他这么说，我不禁想："之后要买车的话，一定从他这儿买！"之后我仔细回想他是怎样说服我的，才发现，比起说服，他更重视培养他和我之间的共鸣。他让我注意到，与他人产生共鸣比说服他人更重要。

愉 快 地 交 涉

赠送玫瑰花束　　　"我们该怎么办呢？"

"啊，是这样啊！"
"正因如此……"

表现出一起解决
问题的友好姿态

不应该对立，而应
该共同面对问题

和对方产生共鸣
后再"反击"

　　因此，我认为同感和共鸣的力量能对人际关系产生巨大的影响。正是在与对方意见相左的时候，才更要试着与对方产生共鸣，这种方法非常有效。

　　另外，我在研究出色的营业人员的推销技巧时还发现，有一位营业人员的推销手段虽然强势了一些，却非常有效。

　　这个人通常会将对方所说的话从头听到尾，然后附和道："正因为这样啊！"

　　即使他附和的"正因为这样啊！"和对方说的内容没有任何逻辑关系，**但是"正因为这样，所以才……"的这种说法会让对方更容易接纳自己的提案，因为对方会认为，这是在自己**

的意见得到充分表达和理解的基础上你所提出的意见。听了这话，我心领神会地笑了。

姑且将对错的评判先搁在一边，这一招或许真的非常有用。毕竟处理人际关系的方法多种多样，数不胜数呢。

◆ 向对方抛出"我们该怎么办呢？"的疑问，与对方共同应对，就能找出好的解决方案。

◆ 当与对方意见不合时，先试着和对方产生共鸣。

12
付诸行动，发现"自己的老师"

人生可以随意"作弊"

我在序言中也提到过，**实现梦想最好的方法就是去向那些已经圆梦的人取经**。我认为向已经得偿所愿的人询问其成功的方法，不仅能更轻松地圆梦，而且还比自己一个人从零开始努力要省事得多。

毕竟人生是可以自由地"作弊"的。

我和和平先生相遇之后，从他身上学到了很多东西，这给我之后的人生带来了极大的变化。我认为与够资格做自己老师的人相遇，并获得他的喜爱，就已经成功了一半了。

但是你所憧憬的、闪闪发光的老师，其他人势必也想去接近。在浩浩荡荡的人群中脱颖而出，并获得老师的垂青，是需要技巧的。

有一个大前提是，如果你没有任何行动的话，老师是不会平白无故现身的。

我们都容易在遇见老师之后才有所行动，但这样做不太容易遇见自己的老师。

如果你率先有所行动，就免不得会碰壁，但碰壁是很好的事情。**通过这些障碍和困难，你将清楚地了解自己现在还有哪些道理不明白，还需要经历哪些历练。弄懂了原先"不明白的事"之后，你自然就会心中有数，究竟谁才是自己真正的老师。**

这一点至关重要。

相反，如果将自己"不明白的事"搁置一旁，依旧稀里糊涂地生活，那么你既不知道该向谁咨询，也不知道究竟谁才是自己的老师。在这样的状态之下，即使你的老师从你面前走过，你也丝毫不会注意到，从而白白错失良机。

所以，对于那些"不明白的事"，即使当下不明白也没有关系。即使现在不明白，自己依旧可以行动啊。这样想的话，会更容易踏出第一步。

之后，你只管去碰壁，当你的老师在一个有趣的时机登场之后，你再向他撒娇便好。你难道不认为，**"在什么都不懂时就勇敢去行动，结果实现了梦想"**是一件非常有意思的事情吗？

博得老师垂青的"秀吉①的草鞋"作战法

遇到了极其优秀的人时，自己应该怎么做？我认为应当事先预习一下能让对方开心的事，然后再有所行动。我将这种作战方式成为"秀吉的草鞋"。

丰臣秀吉将织田信长②的草鞋放入自己的胸膛捂暖，因此出人头地。这一段历史广为流传，十分有名。

我从这个历史小故事中学到的是：要预先了解对方的要求，把能做的事先做好。然而和平先生好像从这段历史中悟出

①丰臣秀吉（1537—1598），原名木下滕吉郎、羽柴秀吉，是日本战国时代到安土桃山时代的大名、天下人。日本著名政治家，"日本战国三杰"之一。
②织田信长（1534—1582），幼名吉法师，出生于尾张国（今爱知县西部），日本战国时代到安土桃山时代的大名、天下人。"日本战国三杰"之一。一生致力于结束乱世、重塑封建秩序。

"只需暖个草鞋，就能赢得天下"的道理。

简而言之，就是不必通过艰苦卓绝的隐忍和努力，只需暖个草鞋就可轻轻松松地赢得天下。

我不由地感慨，果然大富豪的所思所想就是要高出我们普通人啊。

总之，我想说的是，事先"暖好"草鞋，打通关系，之后获得许多人的青睐，再一举夺得天下的人确实存在。

因此，我建议大家，**在与他人相遇时，先仔细想一想有什么能让对方开心，同时也能让自己开心，而自己也能做得到的事情。**

其中就有一件是"积极地回应对方"。老师在向你传授经验时，即便内容是自己已经知道的，也要像第一次听到的那样回应："是这样啊！我之前还真不知道！"用通俗一点儿的话来打比方，就是要像头牌陪酒女郎那样积极地给对方回应。如此一来，大家都能兴致高昂地打开话匣子。

人们都希望通过自己的话来感动对方。对方若是愿意听自己的英勇事迹，自己则会尤其开心。因此，我真心地建议大家在听对方讲述自己的英勇事迹时，睁大双眼，怀着感动敬佩的心不断地给对方回应，"哇""厉害呀"。

那么，不太擅长回应别人的人该怎么办呢？我想，诉诸纸笔不失为一计良策。

我有一位男性朋友，十分不擅长面对面与人交际，因为他总是面无表情，所以我有时会认为："这个家伙，是不是讨厌我啊。"当我和这个朋友分别之后，他给我寄来了一封信，这封信让我深受感动。

那封信虽然书法并不优美，内容也绝对称不上是震撼人心，但在这个电子信息时代，大家都理所当然地通过电子邮件交流，他却特意亲手写了封信，还贴上了邮票寄给我，我被他的这份心意深深地感动了。

由此，我认为，**不擅长回应他人的人，也可以通过信件或文章来表达**。

与回应他人一样，给他人反馈也十分重要。

例如，"托您的福，我长进了不少"，或是"我按照您说的试了一下，之后我的人际关系果真变好了"，再或者是"××前辈说的话实在是太好了，我转达给了身边的朋友，大

家都变得幸福了"，等等，将这种后续的发展和变化反馈给
对方。

站在老师的角度来看，他会认为"我跟这个人说的话，让
这个人和他周围的人都变得更好了"。因此，老师会更愿意和
"这个人"聊天。

所以，**我建议大家，将老师传授给你，而你认为很有道理
的内容告诉你周围的人，之后再将这些人后续的变化传达给老
师，这会让老师非常自豪、快乐。**

人果然还是会偏爱那些能对自己有回响、有反馈的人吧。
因此，如果你希望获得憧憬的人的青睐，请务必向那个人反
馈，"之后的结果，事情变得怎么样了"。

有魔力的提问："我该怎么做，才能像你一样出色呢？"

有一种可以感动老师的有魔力的提问，那就是："**我该怎
么做，才能像你一样出色呢？**"

面对这样的提问，是否有一种自己的人生被他人全盘肯
定的感觉呢？试着睁大眼睛，问问别人："我该怎么做，才

能成为像你一样的人呢？""我该怎么做，才能像你一样活着呢？"

我在20多岁末尾到30岁的那几年中，曾向我认为十分杰出的人提出过这样的问题。

顺便一提，电视节目中也提到过这种提问方式。这似乎是头牌陪酒女郎的惯用提问手段。保持大约10秒钟不眨眼，眼睛就会适当地有些湿润，用这种眼神凝视着对方，效果立竿见影。

当自己倾注热情的领域，或者是满怀梦想、不断挑战的领域被他人饶有兴趣地问到时，人们会异常欣喜，话题也会变得源源不断。

我就有过这样的经历。

某个工作日的早晨，一个大约19岁的男孩没有事先与我预约就直接来我家登门拜访。

"我听朋友说了，本田先生您骑自行车环游了澳大利亚。我接下来也想要去澳大利亚骑行环游，请您告诉我一些合适的装备吧！"

由于这个男孩是没有预约的突然造访，再加上我再过不久就要出发去公司上班了，因此当时我很是反感，心想："啧，这小子，开什么玩笑啊！"

但我转念又一想："你小子也要去澳大利亚了啊。"突然我的心绪就发生了转换。即便有重要的工作等着我去处理，我还是给公司打了电话说："抱歉，上午有点儿事，去不了了。"之后，我便和那个男孩儿一起去了自行车用品专卖店。

"这个装备不太行啊，最少也得买上这个背包呀。你说什么？你没钱？真是服了你了，那我给你买吧，当成是礼物送你好了！"

结果，我请了一整天的假，给那个男孩儿置办了一套齐全的装备。通过这件事，我注意到，**在自己满怀梦想、倾注热情的领域，如果有后继者前来拜访，自己会特别乐意向其传授经验。**

那个男孩到了澳大利亚之后，将他旅行中的照片附在明信片上给我寄了过来，我真的感到非常开心和欣慰。

所以说，当我们决定自己要做什么之后，先向那些满怀热情并且已经做成的前辈讨教经验，他们会出人意料地十分乐意告诉我们。

但是有一点需要注意，那就是当对方觉得麻烦，或者不愿意告诉你时，不要纠缠对方。我也不是百发百中，每次都能获得老师的指点。这时你只要这么想："对这位前辈来说，现在可能还不是好时机吧。"之后再爽快地离去，这一点非常重要。

不要苛求老师做到完美

导师也是人，只要是人就不可能是完美的。我也曾师从一位工作能力非常强的社长，他的经商技巧确实十分高明，然而自从听到他说"我啊，结过四次婚了"之后，我暗暗想着如果向他学习经商的本领那自然是最好不过的了，但如果向他学习经营私人领域的方法的话，那我可能也得离三次婚吧。出于这样的考虑，我主要还是师从他学习一些商业方面的内容，私人领域则很少涉足。

还有一次，我去听一场拥有众多信奉者的杰出人士的演讲会，却在餐厅里不小心窥见了他的真面目。

他在演讲中明明宣称："不要总是皱着眉头，不要总是愁眉苦脸！"但我在餐厅里看到他和弟子们在开反省大会时，无论是他本人还是他的那群弟子，无不是哭丧着脸，满脸凝重和哀愁的样子。

因此，我们不应当对导师苛求完美。"毕竟大家都是人，这也没办法嘛"，要有这样宽广的胸怀去包容老师的不完美，这一点很关键。**如果对导师苛求完美，那也就意味着自己必须完美，这样一来就会变得很痛苦。**

无论是人，还是教诲，都没有完美的。从这个人身上学习这些技巧，从那个人身上学习那些经验。用这种学习方式，清楚地区别出精华和糟粕，有所取舍地进行学习十分关键。

◆ 事先预习掌握对方的兴趣点，会为你博得导师的青睐。

◆ 询问对方："我该怎么做，才能像你一样出色呢？"对方会喜不自胜地倾囊相授。

13

拥有"被讨厌"的勇气，轻松地接近别人

可以被别人讨厌，也可以讨厌别人

若是心理负担过重，那么即使在这样的状态下接近对方，对方也会因透不过气的压力感对你敬而远之。在恋爱关系中尤其需要注意这一点。

如果你是以缺乏自信的"被这个人讨厌了可怎么办呀……"的状态去接近对方，反而会愈发被对方讨厌。结果就是双方都筋疲力尽，没办法构建良好的人际关系和恋爱关系，机会和好运也不会到来。这样的话，也就无法向梦想靠拢。

在构建人际关系时，容易紧张、心理压力大的朋友们可以试着抛开一切顾虑：**"被别人讨厌了也没关系，讨厌别人也没**

关系。"这样坦率地与人相处，会轻松很多。简言之，就是要接纳讨厌别人的自己和被别人讨厌的自己。

我曾经就因为不想被别人讨厌，而将阴暗的自己隐藏起来。粗鄙的自己只在极少数的朋友和关系极好的人面前才敢露面。

但是大约三年前，我和心屋仁之助先生逐渐熟络了起来，在和心屋先生的相处过程中，我展现出了自己阴暗的一面。

之后，心屋先生说："小晃啊，你把这一面展示出来也挺好的呀！""不不不，我今后还要参加许多公开的活动，还想在更多的领域活跃起来，我可不想让大家对我的好感度降低呀，我还是想尽可能地从别人那儿听到对我的夸奖吧，'真不愧是本田晃一啊'诸如此类的。"我这样回答道。

然而心屋先生对我说："你何必做这种与自己的才能完全背离的事儿呢？"

听了这话，我不禁重新思考了一番："确实是啊，我何必呢……"于是之后，我开始在博客和评论中渐渐地、一点一点地将阴暗的自己展现出来。之后，大家纷纷给我点赞，我觉得很有意思。

被别人讨厌了没关系，讨厌别人也没关系，你要接纳这样

的自己，这样一来，不仅人际关系会超级轻松愉快，而且这样直率的自己反而很难被别人讨厌。在两性关系中也是一样的，比起摆出客气的姿态拒人千里之外，坦率的自己更能缩短彼此间的距离。

在你展露出真正的自己之后，万一有人因此离开了你，你也不必因此消沉，和这种麻烦又计较的人相处，还不如早点儿分开的好。

在人际关系中，没必要忍耐，强求来的人际关系也不会有好结果。慢慢将阴暗的自己一点点地展现出来，这样人际关系才会更加轻松快乐。

具体来说，就是只能在非常亲密的人或家人面前表现出来的自己的确存在。咬咬牙，索性将这部分的自己展现在你想和他构建起良好关系的人面前。

若论起对方怎样看待你的这一行动的话，这会给他留下你是一个"表里如一的人"的好印象。

人如果把真正的自己隐藏起来的话，会让别人觉得可疑。这样的人无论是内心还是钱包，都是封闭状态，很难打开。

但如果坦率地接纳自己，连同自己粗鄙的那一部分，那么和异性间的距离就像被施了魔法一般急剧缩短，关系非常好的朋友也会接连到来。

脱离"不幸体质"，获得朋友的优待

"不幸体质"的人总是一味地容忍，而"幸福体质"的人是不会容忍的。"不幸体质"的人都很抗摔打，他们对不幸的忍耐力非常强。即使是自己讨厌的人过来找茬了，他们也会想着："好吧，努力应对。"继而接受挑战。

但是"幸福体质"的人非常不抗打，他们无法容忍讨厌的事或者不幸。他们一旦感觉到自己厌恶的情绪就会立即投降。

市面上一些针对有野心抱负的年轻人的书中，有类似"去走更加险峻坎坷的路吧"这样的内容，但随着自己越来越有钱，我才逐渐发现事实其实是完全相反的。

如果我们遇到了讨厌的事、讨厌的人，或者是不幸，躲开就好了。

我要说的是，相比起鞭策自己、逼着自己去战斗，我们更应当温柔地善待自己。这样做不仅会让我们的朋友关系和异性关系更加轻松和谐，也会让我们的人生更加轻松惬意。

大家可能会认为，鞭策自己是实现梦想更现实、更有效的方法，实际上，那只是在一味地强迫自己而已。人又不是马，只能靠用鞭子抽打才知道前进。

难道不是当我们熟睡之后，才会更有精神吗？所以，即便是在复杂的人际关系当中，也大可不必强迫自己去接纳讨厌的东西，不必装样子，甚至可以不必拼命奋斗。

然而，世界上认为"不可以逃跑""逃跑就输了"的大有人在吧。明明自己已经很痛苦了，还要勉强自己拼命地固守原地，这简直就是拥有"M①"属性不幸体质的人嘛。

我之前参加了一个活动，坐在我旁边的人一直在叽叽喳喳地说个不停。

那个人实在是太吵了，我甚至都听不见主讲人说的话，但碍于颜面，我没办法冲他说出："太吵了，你能不能安静点！"毕竟若是被他认出我是本田晃一就不好了。对面的座位正好空着，我想着要不要挪过去，但这样一想又不免有些恼火："为什么我要为了这家伙挪去那边啊？"就这样，我心里

———————

① "M"，取自英文"Masochism"的首字母，指受虐癖好或具有受虐癖好的人。

一直矛盾着。

事后，我反省自己："我真是小肚鸡肠啊！"究竟我为什么没能移动座位，是因为我将挪座位和"落荒而逃"及"自己的价值"挂上了钩。

我将挪动座位与"我输给了那家伙"，以及"和那家伙相比我的价值更低"等不明缘由的事情联系在了一起。

但是仔细一想，如果逃避就是认输的话，那认输也可以啊。不要把逃避和自己的价值联系到一起。

无论在哪里，无论做什么，自己就是自己。价值是不会改变的，对吧？所以才要将外在的评价和自己本身的价值分开来。

如果温柔地对自己，那么周围的人也会温柔地对待你。
自己如果能停止鞭策自己，那么你将会发现，无论是社会、朋友，还是恋人，实际上都出乎意料地十分温柔。

◆ "被别人讨厌不要紧，讨厌别人也不要紧"，用自然的方式与人来往，会遇见极好的伙伴。

14
根据角色，选择不同用语

试着询问对方父母亲的优点

在这个世界上，男性和女性有许多种相处的方式，并不一定就是别人说的某一种。但是我认为，**包含男女关系在内，所有的人际关系基本上都是以"快乐"联结起来的，而这也正是推动人际关系顺利进展的诀窍。**

能与对方在多大程度上以快乐相连，直接决定着与对方亲密关系的程度。

那么，应该如何用"快乐"和对方相连呢？首先，试着向对方抛出这样的询问吧。

"你的母亲（父亲）有什么样的优点呢？"

听到这个问题的答案之后，和对方说："真棒啊！我也要试试看！"之后便试着去做相同的事情，这招将一举俘获对方的心。这个方法真的非常有效。

偶尔，也可能有人会回答："我的父母啊，根本没有可取之处。"这时，不妨试试问他："那你理想中的父母是什么样子的呢？"或者"那你心中有没有一个理想的母亲形象呢？比如说，'如果我妈妈这么做就好了'之类的……"

有一位男士听到女性朋友这样回答说："我理想的父亲是Animal滨口①先生。"这名男士当即惊呼道："太巧了！我也是！真是太巧了！"像这样全心全意地、真挚地去和另一个灵魂碰撞也不错。

因此，我向那名男士建议道："极其热情地回应对方，你和对方的关系也会变得火热哦。"

为对方做出他希望他的父母能做的事情，或者是他父母若是做到他会非常开心的事情，对方会发自内心地感到喜悦。这

---

① 即アニマル浜口，原名滨口平吾，1947年8月31日出生，是日本原摔跤运动员，健身塑形教练。活跃于国际摔跤、新日本摔跤等大赛中。

非常有意思。

相反，浏览了对方"悲伤文件夹"中的内容后，也有与对方发生共鸣的方法。归根结底，人为什么会感到悲伤呢？这是因为与他关系亲密的人没能留在他身旁。因此，只要让对方明白"这个人正努力地要一直陪在我身边呢"，他的悲伤便会不治而愈。

如果能回应对方"原来是这样啊，那的确是很难过了"，或者"当时我没能在场，非常抱歉。现在我真的懊悔至极"等，那么对方的悲伤也将消失得无影无踪了。

这时，有一些事情宁愿不做，也不能做错。那就是反复地评价对方或是给对方提建议。

绝不能对对方说"你这样做不就好了嘛"这样的话。这样做，无异于穿着脏鞋子踩进对方的悲伤庭院之中，其粗暴程度可想而知。

这时你只需侧耳倾听即可。**当对方的"悲伤文件夹"啪的一声打开时，你只需要深深地点头，聆听对方的倾诉。**

女性是需要得到共鸣的生物，男性是需要得到认可的生物

大家基本上都会以自己希望被对待的方式去对待对方。这样做的话人际关系理应更加顺利，实际上，男性和女性希望得到的东西是不一样的。

女性希望得到共鸣。

男性希望得到认可。

时常有这样的事情发生，女性在失落时，男性出于好意，提出了许多建议，全是解决的方案和对策。

当女性只是希望男性能听听她的倾诉而已时，而男性却提出了各种具体的解决方案，希望得到女性的认可。这样一来双方都没能理解对方真正的需求。因此，让我们将"男性和女性希望得到的东西是不同的"这一点铭记于心。

掌握了这个基础之后，交谈中使用的语言也会发生变化。

对女性来说，最高级的赞美是"你真可爱"。但是如果夸奖男性"可爱"，是说不过去的。

如果对一个男性说："哇！你太可爱了！"即便女性原意

是要赞美他的，他可能也会觉得自己受到了愚弄，甚至因此坏了好心情。

对男性来说，最高级的赞美是"你真帅"。由此可见，对男性、女性最高级的赞美是不同的。

因此，女性朋友想要夸奖男性时，请试着下意识地将"你真可爱"换成"你真帅"。尽管只是这样微小的转换，对方接受赞美时的态度却会完全不同。

确实有必要将"男性用语"和"女性用语"翻译过来之后再传达给对方。在此期间，我妻子的朋友跟我讲了一个非常有借鉴意义的小故事。

有一户人家，有一天妻子筋疲力尽下班回到家后，发现丈夫的袜子脱了就那么放着，西装也脱得到处都是，晚饭也是理所应当地完全没有准备。"那么，我怎么治他这毛病呢？"妻子开始思考。

自那以后三年过去了，妻子成功地教育出了一个理想丈夫。妻子说自己是这么做的，即使丈夫依旧是脱了袜子就不管了，自己也会表扬他说："你真棒！今天你脱下的袜子离洗衣机很近了哦！"

　　从"你真棒"的表扬开始，即使丈夫只是泡了一桶方便面，自己也会表扬他："你真棒！好好吃哦！"看到桌上摆着烧煳了的蛋卷烧时，自己也会表扬丈夫："你真棒！蛋卷烧的火候真到位！"最后的结果就是，丈夫不仅会自己将袜子丢进洗衣桶里，还会为妻子准备饭菜。

　　对待男性，不能否定他们，而应该认可他们"你真棒""你真帅"；对待女性，不能评判她们，而应该和她们产生共鸣，"我懂你""你已经很努力了"。我认为掌握这一点至关重要。

　　在此，我有一个提案。在和朋友相处时，或是在职场上，偶尔尝试一下"牛郎俱乐部、陪酒女郎俱乐部的角色扮演"会很有意思。既能练习"男性用语"和"女性用语"的使用方法，也能对改善人际关系起到很大的帮助。

　　男性将自己想象成牛郎，点头回应女性的倾诉，"我理解，我懂你"；女性则想象自己是陪酒女郎，夸奖男性："你真厉害！你好棒呀！"

　　我也常常在研讨小组的活动中，让大家尝试进行上述的练习。虽然角色扮演的那一方会觉得自己很傻很蠢，但是另一方意外地心情非常愉悦。

通过这种小练习，可以有效缩短男女之间的距离。

虽然我前面介绍过，对待男性要说"你好帅"，对待女性要说"我懂你"，不过也不排除有例外情况发生。

话虽如此，在大多数情况下，上述的方法还是非常管用的，因此请大家作为参考，多多练习。

告知对方自己的"被爱开关"和"发怒开关"

有哪些事或者哪些话，会让你觉得"我正被对方深爱着"呢？相反地，又有哪些事会让你觉得"很烦躁"呢？

大家确实是有共同的"被爱开关"和"发怒开关"，但是除此以外，每个人也有自己独特的"被爱开关"和"发怒开关"。

打个比方，**就像一份如果被这样对待自己会感到开心，而如果被那样对待自己就会生气的"使用说明书"。我认为预先将自己的"说明书"展示给对方的做法非常可取。** 顺便也事先了解对方的好恶，这样可以避开对方的雷区，达到连续打开对方"被爱开关"的效果。

以我自己为例，我是一个非常准时的人。所以，如果我是勉勉强强赶上截止日期的话，就会非常焦躁不安。我通常会预先向对方说明这个特性，以免尴尬的局面发生。例如，"如果在我气鼓鼓的时候找我讲话，我会变得更加气鼓鼓的哟"。

在平时的相处中就将自己的使用说明书展示给对方，这样一来，双方便能更加轻松、愉快地相处。同时，也要向对方咨询他的使用说明书。如果双方能够彼此分享"我在这些时候会很开心，在那些时候就会消沉"，便能构建出惬意舒适的人际关系。

这个方法不仅适用于恋爱关系，在朋友、工作伙伴等所有亲近的人际关系中也同样适用。在彼此的心情都不错时，定期地交换阅读对方的使用说明书，对构建圆满的人际关系而言，是非常有效的。

◆ 对男性最高的赞美是"你真厉害""你真帅"；对女性最
  高的赞美是"你真可爱""你已经很努力了"。

◆ 告诉对方"自己的欢喜点"和"焦躁点"，有助于保持
  良好的人际关系。

Chapter 3

重塑财富观：认知财富本质

找到财富的地图

15
事物会向着真心喜欢它的人靠近

金钱是实现梦想的魔法棒

我认为，"金钱"是实现梦想的魔法棒。虽说用金钱买不来梦想和幸福，但是只要有了金钱，就可以实现大部分的梦想。说真心话，金钱可以买来八成的幸福，同时金钱也可以避免九成的不幸。

所以，**我希望大家能首先树立一个观念：有钱就会变得开心**。富有的人和那些实现了梦想的人都认为，金钱是让人很愉悦的东西。不过也有人认为，"执着于金钱，不成体统""金钱是肮脏的"，甚至认为"金钱是一切问题的根源"。这些人所受的教育和他们自身的经验导致他们对金钱抱有一种十分阴暗的印象。我认为，首先将对金钱的这种消极看法彻底抹掉会比较好。

不过，一下子改变经年累月的印象确实也不是一件易事。因此，至少要知道，"有钱真好""有了钱就可以实现梦想了""金钱就是魔法棒"这样想的人是存在的。

还有一点，希望大家对金钱的印象能有所改变的是，仔细斟酌花钱的方式。如果做到了这一点，钱是会越来越多的。

将钱用在真正能让自己兴奋雀跃的东西上，那么钱财不仅不会减少，反而还会不可思议地增加。相反，如果将钱花在自己不怎么喜欢的物件上，那么钱财将会减少。

这里需要注意的是，"一时冲动地想要，喜欢"和"真的喜欢"的东西是不一样的。区分它们确实困难，而且很容易将一时冲动喜欢的和真正喜欢的、让自己兴奋的东西混同起来。

这种区别程度如果用恋爱来举例说明的话，大致就像是"一夜情"与"细水长流的恋爱"之间的区别那样大。

在突如其来的欲望驱使下大肆挥霍的人，钱财会越来越不够用。虽然在花钱的瞬间自己的欲望得到了满足，但在那之后，无论如何也填不满自己膨胀的欲望。因此，他们会更冲动地购物，之后便陷入了一种"钱不够用"的恶性循环。

关于花钱的方式，我将在下面的章节中详细说明。总之，大家首先要明白的是，不要带着"讨厌""可惜"等类似的负面情绪去花钱。

勉勉强强地花钱，只会让钱财越来越少。

反而要怀着激动愉悦的快乐心情去花钱。"金钱啊，感谢你带给我的幸福快乐，谢谢你啊！"怀着这样的念头愉快地花钱，钱财会回到你的身边，你也不会有钱财减少了的感觉。

火绳枪①落到了世界史老师的手中

越是真心渴望，越能靠近梦想。**对金钱和富裕也是同样的道理，它们都会向着最认真、最喜悦的人集中。**

曾经发生的一件事完美印证了这个道理。那还是我在念高中时，当时教授世界史的老师非常喜欢从前的道具和武器。

正好当时我家里有一个火绳枪，我告诉了这位老师之后，老师恳切地拜托我说："我很想看一看。"我爽快地答应了，之后就用报纸包着火绳枪带到了学校。

———————————

① 火绳枪，用火绳点火发射的老式枪。

老师见了十分欢喜，问我："这火绳枪，能借给我一周吗？""当然可以咯。"我说着，便把火绳枪递给了老师。老师实在是太兴奋了，之后把火绳枪打磨得锃亮锃亮。

我父母说："老师要是这么高兴的话，那你在高中念书的期间，火绳枪就一直放在你老师那里吧。"之后，火绳枪就一直借给老师了。

终于，我高三了。就在我即将毕业之时，那位老师露出非常悲伤的神色。他不是因为即将和我分开而感到悲伤，他明显是因为不得不把火绳枪还给我而感到悲伤。

我把情况告诉了父母，没想到事情发生了出乎意料的进展，"如果你的老师那么喜欢火绳枪的话，那就送给那位老师吧。比起放在我们手里还不如放在老师手里，那样大家会更高兴吧"。

仔细想想，把火绳枪送给老师对我们来说也有好处。毕竟那东西放在家里也是个累赘。

办好了持枪许可证等手续之后，火绳枪平安地落到了老师的手里。老师欣喜若狂，我还从未见过哪个大人像他当时那样高兴，之后也再没见过那种场景。

结果可见，所有权最终会转移到最喜悦和最容易感到喜悦的人手里。

在前面的章节中我提及的北原照久先生，对玩具非常重视。

所以，只要我看到了白铁皮的玩具，就会第一时间买下来送给他。北原先生收到玩具后喜形于色，自然而然就有许多人送他玩具，他的玩具自然也就越积越多了。

如此说来，还有这样一件事，是我和六个日本朋友一起穷游澳大利亚时的故事。在一个叫阿德莱德①的街道上，有一个特色酒吧。

当时我们正是二十二三岁的年纪，风华正茂，血气方刚。"去看吧！去吧！"大家互相怂恿着想进去那个酒吧看。

我们进去倒是还行，但第一次见到性感的外国小姐姐，我们都很害羞，眼睛全都盯着地板。

只有一个完全不懂英语的朋友，不停地喊："Good！"

---

① 阿德莱德是澳大利亚的一个港市，南澳大利亚州首府，一个位于澳大利亚大陆南缘上的美丽城市。

"Come on！"①他只知道这两个单词，却喊得不亦乐乎，热血沸腾。

之后，性感舞娘只在他一个人面前跳了舞，下一个性感舞娘也是只在他的面前跳了舞。

我这才恍然大悟，性感舞娘也希望能让别人开心啊。我在这里学到的一课就是："让我们都开开心心的吧！"

如果我们开心喜悦的话，幸福就会源源不断地涌来；如果我们开心快乐的话，当时就能看到许许多多的性感舞娘。

所以，如果有"我想要这个"的念头，就会催生出"自己是最开心的人的自信"，有这种能让自己喜悦的自信，期待和向往的东西便会接二连三地来到身边。

金钱也是一样的。梦想和财富会向着由衷感到开心和喜悦的人聚集。因此，当你一直期待的东西（比如金钱）来到你身边时，请坦率地欣喜起来吧。无论是谁对你说"送你了"，请你不要想太多，收下对方的好意吧。

接受并且真心喜悦，这样金钱会源源不断地朝你涌来。

---

① Good，真棒。come on，来吧。

◆ 想要变得富足和幸福，首先要树立"金钱是积极的东西"这一信念。

◆ 金钱会聚集到比任何人都要开心的人那里。

16
练习花钱的方式，让财富滚滚而来

越是能让自己和他人感到喜悦的事越能聚集财富

通常人们的想法是，等攒够钱之后再花钱。然而还有另一种方法，那就是先花钱再攒钱，而且有钱人一般都是这么做的。

当年念高中时，我和伙伴们都很想买摩托车，大家都拼命地打工攒钱。但是有一天，某个同年级的家伙突然说："我好想要一台40万日元左右的摩托车啊。"那家伙家境并不富裕，也不是什么有钱人，最终还真的买了一台价值40万日元的摩托车。

如果事先决定好把钱花在哪里，之后钱财就会源源不断地向自己涌来。这样的例子还有很多。

一言以概之，就是**先确立梦想和目标，在已经确立好的花钱方式的指引下，会更容易聚集财富**。我在成人之后，逐渐注意到了这个顺序："决定好花钱的方式"→"钱财相继涌来"。

但也不是所有花钱的方式都能聚集起财富的。要说怎样花钱才能让财富聚集起来，那务必得是能让人感到喜悦的花钱方式。

包括自己在内，能让更多的人感受到快乐的花钱方式，才是能让财富聚集的方式。越快乐，越容易使财富聚集起来。

我在骑自行车环游澳大利亚时，最开始是一路背着萨克斯骑行的。这么做的理由仅仅是觉得这样"太炫酷了"，但是萨克斯实在是太重，之后我甚至感到后悔："当初为什么不带个口琴，非得背个萨克斯呢。"

在随后的骑行环游中，我在金钱方面有些吃力，于是我就在路边吹奏萨克斯，赚一点儿赏钱。现实却没能像预想当中那样迅速聚集起钱来。

某一天，一位老爷爷啪嗒啪嗒地走向我，问道："小伙子，你为什么要在这种地方吹萨克斯呢？”我回答说：“我的梦想是骑自行车环游澳大利亚一圈，但是现在很缺钱，所以想通过吹萨克斯来挣点儿赏钱。”听我这么说，老爷爷当即拿出100美元送给我。那可是100美元哪！100美元！

我的天哪，光是说说梦想就能挣到钱！当时我不由得这么想着。

自那以后，我每每吹奏萨克斯时都会在旁边竖一块牌子，上面写道：“我的梦想是环游澳大利亚。但是，我现在很缺钱。”这样就不断地有人给我投钱，财富就这样一点点地聚集了起来。

说出自己的梦想，让我的财富增长了10倍！

那些投钱给我的人，都有一个共同的想法：“与其自己花掉这1美元，倒不如把它给这个年轻人，这样反而更快乐。”正是因为有了这个想法，他们才会无偿地给我钱，这样不仅我会因为得到钱财而感到开心，而且那些给我钱的人也会感到幸福。

也就是说，**钱财会向着更加开心喜悦的方向流动，并且流动着的钱财也会让施予者感到幸福和愉悦。**

财 富 聚 集 在 哪 里 ？

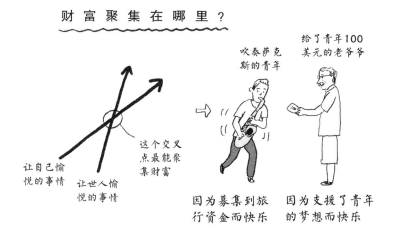

让自己愉悦的事情

让世人愉悦的事情

这个交叉点最能聚集财富

吹奏萨克斯的青年

给了青年100美元的老爷爷

因为募集到旅行资金而快乐

因为支援了青年的梦想而快乐

　　400日元，是捐款给非洲的小孩子们，还是在星巴克买一杯咖啡？那当然是捐款更能让人开心，比在星巴克喝一杯咖啡开心500倍。

　　这样想的话，便会舍弃喝咖啡的选项，而将那笔钱捐赠给非洲的孩子们，捐赠这件事本身也多少会给自己带来些快乐。

　　而每次在星巴克喝上一杯咖啡，似乎都会以公平交易的方式为农庄的运营提供对等的支持。知道了这个事情之后，每当我们在品尝咖啡时，都能联想到非洲等地方。

　　正因如此，星巴克才抓住了世界各地的消费者的心。

　　所以说，金钱要花在能让"人"开心的事情上才好。

然而，如果牺牲了自己的感受，将钱花在了只能让他人感到愉快的事情上，则会给自己带来痛苦。因此，我们一定要好好地让自己也快乐。

我在前面提到过的那位澳大利亚的老爷爷，也是因为给我100美元能让他自己感到开心，他才会给我钱的。

我认为**"对自己来说很开心的事，做了之后能让自己感到快乐的事"和"让对方、世人感到开心的事"之间的交叉点，便是最能聚集财富的地方。**

试着用巧克力代替金钱来举例，就能很轻松地理解了。假设我现在要给三个小孩子分巧克力。

我对第一个小孩说："来，给你巧克力。"这个小孩虽然心里很想要，却说："不要，我有蛀牙，不能吃巧克力。"然后拒绝了我。

第二个小孩说："哇，谢谢叔叔！"然后自己独吞了巧克力。

第三个小孩说："哇，谢谢叔叔！我要把巧克力带回家和弟弟妹妹一起吃！"于是回家和弟弟妹妹们一同分享了巧克力。

如果是你的话，你想给哪个小孩更多的巧克力呢？

再把巧克力换成金钱，便能轻松地想明白：金钱更容易向着什么样的人集中，怎样花钱才能获得最大的满足感。

轻松地挣钱、花钱是最棒的

我在前面也有写到，世界上既有轻轻松松挣钱的人，也有辛辛苦苦挣钱的人。辛苦挣钱者的教义比轻松挣钱者的教义更有分量，也更有说服力。但是，如果遵从辛苦挣钱者的教义，那么自己也将终生与艰苦为伍。

最关键的是，你想不想这么做？

这个世上确实有"辛苦地挣钱才是美德"这样的风潮，但同时也的确可以做到轻松地挣钱。不信你环顾四周，周围轻轻松松挣钱的人有很多，不是吗？

我经常会去小船坞，在一群拥有私家船的富豪中，真的有人几乎每天都在玩乐中度过。最开始，我因此深受打击。

然而因为与他们交流实在是非常开心，我也不由得开始思考："说不定真的可以轻轻松松地挣钱呢。"于是，我便真的开启了愉快挣钱、愉快花钱的新生活。

如果你是辛辛苦苦地挣钱、花钱，对方也会将这一切看在眼里。财富就将很难在人际中流转，也就是说，财富很难涌进来，人也就难以变得富足。

所以，请试着轻松地花钱吧。无论是先从"轻松地挣钱"还是先从"轻松地花钱"开始都可以，但是我想"轻松地花钱"可能更容易一些，不如就先从轻松地花钱开始练习吧。

要记住，这是一个花钱的训练，所以请下定决心，放手去做吧。

每当你觉得"这么一笔巨额，一下子花掉有点儿心疼啊"，抠搜着舍不得花时，请一定要说服自己挑战一下用轻松的心情花掉这笔钱吧。

前一阵子，因为心屋先生责备我说："小晃啊，你怎么舍不得给自己花钱呀？"我当即便决定在每晚85000日元的The Ritz-Carlton酒店①住上一夜。

和妻子一起投宿每晚10万日元的酒店我尚且还能接受，但是一个人住如此高额的房间我之前怎么也接受不了。因为我

————————

① The Ritz-Carlton酒店公司，总部设在美国，是世界上著名的顶级豪华酒店管理公司。在国际高档酒店业，The Ritz-Carlton被公认为是首屈一指的超级品牌。

有过当背包客的经历，所以连拥挤的八人间都能心平气和地住下，要是能住商务酒店的话那就再幸福不过了。

但是当我实际体验了自己一个人入住每晚85000日元的酒店之后，真的感到非常自由。那是一种摆脱了金钱的限制，从而获得的自由。

话说回来，"富足"原本就是从"无用"衍生出来的。就说绘画和音乐吧，要说它们无用也确实是无用的。

明明住每晚9800日元的商务酒店就行，但偏偏住了85000日元的高级酒店。这是多么宏大的无用啊，但恰恰是这种无用让我产生了被富足所包围的幸福感。

"睡觉的时候再怎么翻身，也用不着这么大的国王规格的床吧……"这就是我入住The Ritz-Carlton酒店后最开始的感想。

不过渐渐地我变得愉快起来。这样的富足感，不正和轻松地实现梦想紧密相连吗？

花钱时养成仪式，人生将就此改变

因为财富会飞速地向着喜悦的人聚集，所以我认为**在花钱时，应当尽可能地保持一种轻松、愉快、喜悦的心情。**

花 钱 时 的 仪 式

在心中兴奋欢喜地尖叫

自己收钱的时候要想着
对方也很高兴

我自己也是，花钱时，常常会在心中兴奋地大叫："太棒啦！""愿望实现啦！""耶！"

将这些句子连成一组，并努力将其变成花钱时的一种仪式。这样便可不断提醒自己：花钱，是开心愉悦的事情。

为什么要这么做呢？因为这会让你在得到下一笔财富时，让给钱的人产生这样的想法："我让这个人变开心了呢，啊，真好！"

不是想着"我拿着他给的这笔钱，真的好吗"，而是认为"这个人给了我这笔钱，他自己一定很开心吧。是我让这个人变开心的呢"，这样想的话，就会变得容易接受对方给自己提供的钱财了。难道你不觉得，那样的人更容易成为有钱人吗？

若是认为财富是通过艰苦积累得来的，那么无论是在积累还是在使用时，都将会困难重重。

从消极的思想中抽离出来，**养成在花钱时，心中呼喊"太棒啦""愿望实现啦""太好啦"的习惯，便可以成为轻轻松松挣钱、花钱的人。**

◆ **最开始决定好将钱花在哪里，财富将会不断累积。**

◆ **愉快地花钱，可以形成"愉快的财富循环"。**

17
当你能看到钱财流向何处的时候……

养成关注金钱流向的习惯

我建议那些不能痛痛快快花钱的人，养成关注金钱流向的习惯。

我年轻时，常常会在开车兜风的途中，投宿在可以钓鱼的旅店中。投宿在那里不是因为想去钓鱼，而是因为每晚2000日元就能入住，十分便宜。

然而，后来我还是投宿到另一家旅店了。我做出这一改变的原因是，后来的另一家旅店的老板娘总是一边背着年纪较小的孩子，一手牵着另一个孩子，一边拼命地准备饭菜。

看到老板娘这么拼命努力的模样，我便想："反正都是要花钱的，要不就把钱花在这儿吧。"一想到我花出去的钱，将被用来给小孩子们买饭菜、买玩具，我就非常开心。

就在这时，我脑海中闪现了一个念头，那是关于家父公司的主页内容的想法。当时我正准备将公司职员的简介放上主页，一般这种简介的照片都是职员们穿着西装、表情严肃的照片。

但是，我从那家钓鱼旅店获得了灵感，特意拍摄了一名职员在逗弄他孩子时的照片。将这张照片放上了公司主页之后，竟有客户指名要这名职员来负责自己的高尔夫会员资格购入事宜。

"如果将钱花给这个人的话，那我的钱就会变成他孩子的零食或玩具吧！"客户这样想着，仿佛就能看到自己支付出去的金钱的流向了。因此，他会开开心心地掏出这笔钱来。

所以，我希望大家能从当下的这一瞬间开始，以这样的视角来看待世界。**自己付出的钱流向了哪里，变成了什么，即使是空想也没有关系，请尽力想象出来。**

以这样的视角看待世界的话，便能明白自己的钱财就是在这样的途径中流通的。

关于这一点，和平先生可谓是使金钱流转的达人了。2月4日这一天出生的婴儿，与和平先生同一天生日，因此只要将这婴儿的出生证明送给和平先生，父母便能获得一枚纯金的纪念牌。

全日本的任何人都可以哦！即便是完全不认识的人，只要将2月4日出生的婴儿的出生证明送到和平先生那里，便能收到和平先生送给婴儿的纯金纪念牌。"祝贺！祝贺！"和平先生如是说。

我曾问过他："为什么您要这么做呢？"和平先生笑嘻嘻地说："因为啊，小晃，宝宝刚出生就获得了纯金纪念牌，那他的父母将会由衷地感到幸运。被这样的父母抚养长大，那等孩子20岁成年①时，他会怎样看待自己呢？一定也会觉得自己很幸运吧。对我来说，再没有比这更有趣的投资了。"

对和平先生来说，赠送纯金纪念牌，其实也是一种通过使金钱的流动带回幸福的"投资"。

和平先生每年都能从获得纯金纪念牌的父母那里收到无数的贺年卡，数量多到甚至能堆出一座小山来，而和平先生就被这些"感谢您，谢谢"的满满幸福包围着。

———————————

① 在日本，成年年龄为20岁。

让钱财流转起来，并且想象它的流向。我认为养成这样的习惯，便能轻松愉快地花钱了。

不好的钱财向自己涌来时应该怎么做

因为钱财的流动是喜悦愉快的，所以自己也会一边想象着它的流向，一边愉悦地让其流转。

这种流转本身没有问题，但如果不好的钱财向自己涌来的话，果然还是不要接受比较好吗？

我曾一度坚定不移地想着，自己只接受来路干净的钱财。干干净净地接受钱财，再干干净净地让它流转出去。我要成为像纯净水一样干净的存在。

在中途的时候，我的想法却变成了："啊，无论什么都可以。"当然我并没有特意去做什么肮脏的交易，我只是明白了一点，我们其实都不确定流向自己的钱财究竟从何而来。

比如，恶人做坏事挣来的钱，无论他将那钱用在什么地方，收到那笔钱的人确实变得幸福了，因为他并不知道那钱的来路。

在我们看来或许是一笔不良的钱财，但由完全不同的人看来，或许就没有任何问题。所以我想，还是不要太过拘泥的好。

只有一点，**那就是不要让流经自己的钱财变成漆黑的赃钱。**

这部分内容我将在下一个有关存钱的法则中详细展开，这里只希望提醒大家，如果在获得一笔钱财时，自己感到非常有压力，或者欺骗了他人，或者折磨了自己，那么这笔钱就是充满了负能量的、黑漆漆的钱。

就像是化粪池一样，抱着这样的钱财总归是讨厌的吧。所以当这种财富积攒到一定程度时，便会忍无可忍，"就让它全都流走好了"。

世上常说的靠欺诈、赌博挣来的钱，因为都是黑漆漆的，所以人们都不太珍惜这种财富，就会无意识地做出散财的举动。

这样的金钱虽然也是流动的，但绝不是幸福的流转。这种流转的金钱，当然或许也会给某个接收者带去幸福、喜悦，但身处这种流转中的自己是绝不会幸福的。

所以，还是不要用这种方法挣钱为好。

钱财只是流经了自己，又流向了远方而已

如果能看到金钱的流向，那便不会再畏惧金钱的流出。因为理解了这个道理：财富不会停留在一个地方，它会不停地流动。

金钱只是从某个地方流动过来，又向着某个地方流动而去，仅此而已。因此，才会有"让金钱流经我的小河不也很好吗"的潇洒心态。因为只是流经，并不会减少金钱的总量。

然而不懂得金钱流通特性的人，通常会从别人那里抢夺财富并据为己有。因为金钱的流动受到了阻碍，所以渐渐地便会沉淀、腐坏，最终变成"像化粪池一样的钱财"。

但是，对钱财流通充满信任的人，会怀着这种想法："金钱是不断流动的，并不会减少，它只是流经了自己而已。"因此，才能做到无论何时都能自由地汲取并使用金钱，无论何时都能自由地放手任财富流通。这样也就会变得"善于接受"，并且能愉快地使用钱财。

重点是让流经自己的金钱像清澈的溪流一样，哗啦啦地继续流转。

金 钱 是 流 动 的

自己的小河

截住金钱的流转

逐渐腐坏

◆ 最开始决定了花钱的途径，财富便会不断累积。

◆ 意识到自己花出去的钱财的"去向"，将会变得富裕。

18
将愉快储蓄者的思想植入自己的脑海中

为什么收入增加了，存款却没有增加呢？

我曾经被人直白地问过一个很质朴的问题："为什么我的收入明明在增加，可存款却不见增长呢？"

的确，如果收入增长了3倍的话，存款也应当随之增长3倍，但做不到的人有很多。为什么会这样呢？原因之一，就如空调的设定温度一样，很多人事先就决定了自己"能存下来的钱，就这么多了"。

就像是这种感觉，"1亿日元的存款？不可能，不可能""就算拼命努力，能存到30万日元就很不错了"。

如此关注"这个金额"的话，当存够了这笔钱时，很有可能发生"哎，撞车了……"或者"钱包掉了……"类似的意外之灾。

再怎么努力攒钱，也不会积累出超过自己设定数额以上的财富。因此，如果有攒钱的念头，随时调节"设定温度"很有必要。

顺便一提，有钱人是没有这个"设定温度"的。和平先生的妻子就总说："存折里的钱啊，怎么用都不会少。"

有钱人，根本就没有所谓的"设定温度"。有多少存款才合适？有多少存款才够花？有钱人很少有人会考虑这些问题。

存不下钱来的另一个原因是，存的是什么样的钱。原本金钱就是让人喜悦愉快的东西，所以存款理所应当地应该是喜悦的合集。

如果是通过做一些很有意义的事赚到的钱，那么自然会变成很有意义的存款。

用既让他人欢喜也让自己高兴的方式获得的收入，在变成存款时就会是"给别人带去多少幸福""自己多么快乐"的甜蜜回忆。

这样的存款就是一笔只是看着存折就能感到幸福的、有意义的存款。因此，自己会更希望获得"喜悦"，存款也会不断增加。

如果是通过骗人赚到的钱，或是通过拼命劳动、承受很多压力才得到的收入，在变成存款时就会成为令人厌烦的合集。

之前我举过"化粪池"的例子，这里也是如此，打开这种存折的瞬间就像是看到了化粪池一样。这种东西，谁也不想看。因此，这种存款才会被大手大脚地花掉。

因为在深层意识里，有"不想存这种钱"的想法，所以才会存不下来钱。

和这种人很相近，还有另一种人十分吝啬地攒着钱。像这样忍耐着攒下来的钱，会成为"吝啬""压抑自己""拼命忍耐"的结晶。这和欺骗别人挣来的钱一样，在水坝中积存下来的尽是"压抑之水"，毫无快乐可言。

通过压抑自己得到的存款会使自己痛苦万分，最终会在反作用之下被一口气花掉。这和减肥过程中的反弹是同一个道理。

想要轻松地实现梦想的话，可不能吝啬哦。

世人常说，有钱人都吝啬，但是轻松地挣着有意义的钱的富豪们绝不是守财奴。从金钱=喜悦的角度来看，吝啬、压抑自己、拼命忍耐便与富裕正好相反。

将存款变成"喜悦的水坝"

首先，作为大前提要明白的是，存款是出于喜悦才能积攒下来的。如果存款不能成为"喜悦的水坝"，那么即便有了积蓄，也不会开心的。

轻松实现梦想的人，大都是在愉快地、喜悦地储蓄。知道了"存款是喜悦的水坝"这一点，难道不开心吗？

大多数人对存款都有一个误解，那就是存款的多少=努力的证明。类似于"攒了这么多钱，正是自己努力的证据呀"。

但是这样想的话，就不是"喜悦的水坝"，而变成"努力的水坝"了。如此一来，在自己无法努力时，事情就非常难办了。

只要努力，这种攒钱的模式便不会崩坏。所以，不停努力、不断奋斗，最后，水坝崩塌，一切化为乌有，这样的事绝不是空话。

在水坝中储存的东西才是问题的关键

所以，**我还是建议将存款看成喜悦的钱财，将存款变成"喜悦的水坝"**。

为此，我们应该怎么做呢？我们应该在自己的脑海中加入这样的设定，"即使不努力也能攒钱"。

轻松挣钱的幸福的人，大家都是这样的设定。

例如，"最近我都在随心所欲地花钱，但存款依然在增加呢。真棒！"或者"我这一阵子完全没在努力啊，可存款还是在增加呢"。

实际上，即使没有达到这个程度也没有关系，只要转变成为这种心境就可以。这样一来，花钱时就不会产生消极的情绪，花钱的方式也会变得多种多样。

用能让他人和自己感到喜悦的方式大大方方地花钱，会让金钱源源不断地聚集而来，因为金钱本身就会朝着喜悦的人聚集。

如果开开心心地花钱却没有让财富总量增加的话，那可能不是真正的喜悦。比如，想获得他人的认可，结果可能导致太在意别人的视线而轻视了自己真正的感觉。如果开心地花钱了，却没能让财富增加的话，就请一定先弄清楚自己内心真正的感情和纯粹的喜悦之情。

将自己的喜悦提纯、扩大，也有助于轻松地实现梦想。

然而做不到这些的人有很多。我曾经也非常不擅长接受他人的好意。

打个比方，即使别人说："这1万日元，送给你吧。"我也会拒绝道："不不不，这钱我可不能收。"

然而富豪恰恰相反。他们不会顾虑什么，也丝毫不会犹豫，会坦然接受到来的幸福。

有研究人员曾在纽约的街头，做一个向过路人随机派发1美元纸币的实验。有趣的是，接受了1美元纸币的人，大都是有钱人。贫穷的人反而会提高警惕，怀疑派发的是假币，因而没有接受。

"原来如此"，我这才恍然大悟。轻松地接纳喜悦的人，也能够轻松地在自己的水坝中积攒喜悦。

停止"不能随便接受""不能轻松挣钱"这种"不善于接受"的思想，这就是那些轻松实现梦想的人的想法。

◆ 不要给自己的储蓄金额设置上限。

◆ 通过做很棒的事积攒的财富，会一直很棒地增长下去。

19

打开执念的天花板，会让财富增加

突破跳蚤的顶板！

无法存下钱来的人，其实都无意识而又十分坚定地给自己的收入设置了阻碍。这种无意识的深信不疑就成了前文中提及的"设定温度"，拒绝了金钱向自己流入。

你知道"跳蚤的顶板"的故事吗？把跳蚤放入小小的玻璃瓶中，盖上瓶盖。无论跳蚤怎么跳，都会撞上瓶盖，渐渐地，跳蚤最高就只能跳到瓶盖的高度了。之后，再把这只跳蚤放出来。这时没有了瓶盖的限制，想跳多高都可以。然而，即使再也不会被瓶盖撞到，跳蚤依旧只能跳到瓶盖那么高，再也不会想着往更高的地方跳了。

其实跳蚤本可以一跃冲天，但它畏畏缩缩地不敢跳了。这就是因为它坚信"自己只有这点儿本事"。

明明很想得到钱，却怎么也没有钱财进账时，多是因为自己在无意识之中给自己设置了一个"跳蚤的顶板"。正因为私自给收入设置了一个上限，所以才决定了自己的财富"只有这么点儿"。

因为"顶板"是自己在无意识之中设定的，所以意识到这种上限的存在很有必要。"原本自己所决定和坚信的这个上限，是真实的吗？"

无意识之中设定了"顶板"，其实是由于前文中提到的那样，给自己设置了阻碍。其中的一种就是"不能超过父亲的收入"。

常常会有这样的事情发生：查阅了自己的收入之后，发现自己不可思议地小心控制着不让自己的收入超过父母的收入。因为自己想当一个好儿子、好女儿，所以有"想让父母的人生更加顺遂"的想法在作祟。

如果自己比父母更能挣钱的话，那么父母的人生看起来就会很凄惨。这可不是想尽孝心的儿子、女儿们想看到的。

如果做着自己喜欢的事情，就能轻松挣到钱的话，自己会觉得："父亲那么辛苦地挣钱，而我赚钱却如此轻松，这样不就让父亲的辛劳变得没有意义了嘛。"

这样一来，就又会无意识地想到："我要更辛苦一点，要把收入控制得更低一点。这样的话，父亲的人生看起来就会是完美的。"

这么扮演着一个好儿子、好女儿的角色，自己终于安心了……但是，希望父母的人生更加顺遂=要把自己的人生过得比父母凄惨，这种模式难道不让人觉得奇怪吗？

如果将这个等式颠倒过来看，所谓的好儿子、好女儿模式是完全站不住脚的。

我也是在为人父之后才明白过来，子女们真正的孝顺，就是自己过得幸福。这也就意味着，子女比父母挣得多完全没问题，比父母更幸福也完完全全没有问题。

不断地轻松挣钱，不断地变得幸福，开心的事做得越多越好。

如果你能认识到，**原来并不需要给自己设置障碍，上限其实并不存在的话，那就能够不断地向前进发。这样一来，财富**

也将更加畅通无阻地向你涌来。

这并不是谎言，像这样愉快地挣着钱的人有很多。我希望你也能放下自己曾深信不疑的奇怪阻碍。

蚂蚁和蟋蟀，哪一个更幸福？

话虽如此，但是也有人没办法凭一己之力放下自己曾深信不疑的阻碍。我建议这种人采用残暴疗法，掀翻小饭桌①，逆向思考。

比如，我在给孩子讲"蚂蚁和蟋蟀"的童话故事时，会这么讲："蟋蟀呢，一个劲儿地拉小提琴。蚂蚁们听到了琴声之后，疲惫全都飞走啦，他们高兴得不得了，于是就送了一些粮食给蟋蟀。蟋蟀吃了这些粮食之后就会更加开心、更加卖力地弹奏小提琴，结果全世界的小蚂蚁都来听了，蚂蚁和蟋蟀都幸福了起来。可喜可贺，可喜可贺呀。"

大家也一样，每当自己对一些事情异常地深信不疑时，请编造出一个与现在完全不同的小故事来，让故事的结局"可喜

①小饭桌（チャブ台），日本常用的四脚小饭桌，多为圆形或方形，大部分可以折叠，没有上、下座的分别。

可贺，可喜可贺"。

这样做的话，一层薄薄的皮就很容易剥掉了。

"只是一层薄薄的皮……"或许会有人这样想，即使这样人生也会发生改变。

如果能这么想，"即使只是一层薄薄的皮，但完全剥下来那也不小呀"，那就会变得更加富有，也将能够向着实现梦想的方向不断进化。

最激进的翻天覆地的改变方式是，用"不是这样的吧"的念头去花钱。

就如同空调在设置了"设定温度"之后，便会一直保持那个温度。如果想要改变的话，就必须下定决心更改设定，"不是这样的吧"。

"不是这样的吧"换句话来说，其实就是"用这种方式挣钱根本不可能"。

因为自己不会做出不被自己认可的事情来，所以请一定要将"不是这样的吧"的想法转变成"这么做也可以"。

这样一来，财富便会从这个突破口涌入。气温20度和30度感知到的世界完全不同。

具体的做法可以参考以下这些：比如，试着去买一些平时绝对不会买的昂贵的东西，或者在存款余额吃紧时拿出钱来去捐款，等等。

释迦牟尼也曾让弟子们拿着托钵去各处化缘，化缘修行中，释迦牟尼对弟子们说："尽可能去那些贫穷的人家转转。"

贫穷的人没有什么东西能拿出来分给别人，大部分人都对此深信不疑："贫穷的人绝对不会给弟子们什么东西的。"

但是给了这些贫穷的人一个布施的机会，也就是让他们意识到"原来还可以这样"。

这样一来，他们的世界观就发生了改变。释迦牟尼想必也知道这一点。

> ◆ 接纳轻松地让自己变得富有这种模式，就能成为那样的自己。

20
要坚信你具备富有的资格

要注意通过辛苦工作获得的自我重视

工作除了给我们带来财富之外，还会让我产生一种认为自己很重要的"自我重视"。尤其是通过辛苦劳作被认可时，这种"自我重视"就更加难以舍弃。

当我还是高中生时，曾在快餐店打过工。做着做着，我煎牛肉饼的手艺就越来越好，店长夸赞我说："你小子挺厉害的嘛！"这对当时16岁的我而言，就是一种尊重。

于是我渐渐地不想离开那家快餐店了。即使只能拿到最低工资标准的时薪，即使还有别的很不错的兼职项目，但在当时，比起工资来，我更希望能够获得夸奖。

而且那时我还总担心，如果有比我手艺更好的人出现那就糟糕了，于是死活不愿意把煎汉堡牛肉饼的技巧教给别人；在别的兼职伙伴想出好主意时，我就像玩打地鼠游戏一样，接二连三地否定他们："我可不认为那是什么好主意啊。"

这是一个执着的世界。**在这个被辛苦工作后获得的"自我重视"所填满的世界里，就会产生想要一直做下去的念头。可是一直这么想、这么做的话，不仅收入不会增加，朋友也不会增加，最终会陷入沉迷其中无法自拔的困境。**

为了不落入困境，我们应当将自己拥有的好东西和大家一起分享，让大家一起提升技能。分享了自己的技巧后，店长对我说："多亏了本田君，店里的经营状况好了很多呢。谢谢你啊！"作为谢礼，我获得了一笔额外奖金。这种方式不仅更让人愉快，而且收入也增加了。

最好的方式是，将自己拿手的内容传授给他人，让他人代替自己去工作。轻松地获得财富=让他人替代自己工作。

和有钱人打交道的达人们，都是擅长给对方营造"自我重视"环境的人。不断将自己所拥有的分享给他人，让对方的技能也得到提升。

他们自己没有沉醉在"自我重视"的自豪感之中，而是擅长让他人产生"自我重视"。这样一来，对方会满怀想要报恩的心情，工作也会顺利推进。

像这样，反复练习"给予"他人"自我重视"的环境，自己的人生便会豁然开朗。为了达成这一目标，请试着这么想：即使没有"自我重视"的自豪感，也没有关系。

对自己而言，"自我重视"并不是必需品 = 自己是充实的、丰满的。也正是因为自己不充盈，所以才会执着于"自我重视"。

这和自我评价也有一定的关联，自我评价低 = 要加油、努力；自我评价高 = 不用努力也可以。

如果自我评价很高，而自己的内心又满满当当的话，那便可以毫无顾忌地说出："我啊，就是个大傻瓜嘛。"这时，愿意帮助我们的人就会现身，"真是拿你没办法"。这样一来我们便可借助他人的力量，乘风而上。

奢侈地对待自己的"身体"

自我评价低的人，会认为给自己花钱就是浪费。他们会无意识地认为："给像我这样的人花钱，纯属浪费。"

之所以产生这种想法，恰恰就说明他们认为自己的存在本身就是"无用"的。正因为是将钱花在"无用"的自己身上，所以才是浪费钱。他们认为，无论钱花得多么有意义，但只要是花在自己身上的，那都是在浪费钱。

就像给自己花钱就是把钱扔进了臭水沟里。因为无论往臭水沟里砸了多少钱，臭水沟依然是臭水沟。

之所以会认为钱花在自己身上很浪费，是因为首先把自己看成了"臭水沟"一样的存在。这样的话，即便再怎么努力，永远都不可能变得富裕。

肯定了自己的存在的人，不会认为花在自己身上的钱是浪费的。无论再怎么奢侈地对待自己，都与自己的身份相符。因此，谈不上什么浪费不浪费。

奢侈，并不等于浪费。毕竟我本身就是一个值得被奢侈对待的人。

这也和自我评价有着紧密联系。如果你喜欢自己的话，奢侈就不是浪费。但如果你讨厌自己的话，那么对你而言，奢侈就是浪费。

只要你把奢侈和浪费画上等号，那也就说明你认为自己是无用的存在，自我评价会由此降低，也就无法变得富裕。

因此，我们要把这样的想法完全颠倒过来。如果你想变得富有，那就要提高自我评价，把浪费钱转变成奢侈地花钱。然而自我评价很难一下子提高，这时应该怎么办呢？我认为，**可以从思想的转变开始做起：把浪费钱转换成奢侈地花钱。**

简而言之，就是不要认为给自己花钱就是浪费，而要奢侈地对待自己，在自己身上花钱。

我仿佛都能听见有人在大喊："可是我做不到，好苦恼啊。"稍等片刻，试试看这样想怎么样？

请试着将你的心灵和身体分开来看。盛放你的心灵的这具"身体"就像是容器一样，是神明托付给你的极其珍贵的东西。

因此，我们必须十分爱惜地对待这个"容器"才行。

"身体同志，一直以来，谢谢你啦。我会很珍惜你的哦，今后也请你多多关照啦！"带着这样的心情，去试试看奢侈地对待自己吧。**这并不是你在奢侈地花钱，而是你在为了自己的"身体"奢侈地花钱。**

这样想怎么样呢？这样想的话是不是就有点儿信心能做到

了？对自己身体的"感谢"，会让财富也转过头来，重新回到你的身边。

采用这种方式，即便自我评价很低，也能奢侈地对待自己。

像这样不断练习，便能堂堂正正地、喜悦地为自己花钱，富足的生活也会到来。

> ◆ "我是值得收获财富的人"，像这般珍视自己的话，金钱将会朝你涌来。

Chapter 4

人生效率再认识：获得绝对优势

清除认知障碍，让人生加速

21
用"向这里集中①"的方式去工作

"工作能干"并不意味着"人生富足"

有人认为，工作顺利就意味着实现了梦想。

但是，就我个人而言，相比起"工作顺利"，我更重视"愉快地度过人生"。我坚信，个人的幸福永远是第一位。

对我而言，工作仅仅只是"支撑起愉快人生的一个部分"。即便是现在说得这么大言不惭的我，在我20多岁的后几年里，也曾有过一段时间认为："我真是一个有能力的商务人士啊！太棒啦！"

确实，通过工作我们能与平常没有机会遇见的人相遇，也

---

① 原意"向这根手指集中"，指发起人竖起手指，其余人向其集中。

能遇见许多新的刺激，变得好像中毒了一样。工作的确像是能让人上瘾的游戏。

可是这样一来，人生的98%左右都充斥着工作，私人生活就会变得乱糟糟。我们能看到许多这样的人，即使工作能力是最强的，但是精神世界已经破败不堪了。

比如，曾经有一个才30岁出头就已拥有3台法拉利的人。我曾羡慕他："真的假的？太了不起了！他真走运哪！"但是当我实际近距离地接触他之后才发现，在他身上看不到我所渴求的幸福！

自此以后，我修正了自己的轨道，我意识到，"工作能干"和"幸福人生""实现梦想"还是有细微差别的。

我们不能将工作奉为人生的主角。工作只是"为了让人生幸福快乐，为了让梦想得以实现而灵活使用的工具而已"。 如果不这么做的话，便会弄不清楚自己究竟是在为了什么而工作。而且主宰自己的人生，不让工作成为霸占生活的"山大王"，真的会令人感到非常愉悦。

如果在处理工作与生活的关系这一点上没有理清头绪的话，会很容易落入陷阱之中。

如果将自己视为最珍贵的存在，那么工作就能顺利进行

其实，工作基本上就是"讨好他人"。让他人心情愉悦之后，得到金钱。因为金钱≈喜悦，所以能给多少人带去愉悦与能获得多少财富是成正比的关系。

然而，如果不能让自己先开心起来的话，那就很难让他人感到快乐。我希望大家能明白，满足自己更为重要。

越是伟大的人，便越能说出"不断让别人高兴起来""让别人快乐，我自己也会感到高兴"的话，事实的确如此，但对于还没有达到那种高度的我而言，会首先满足自己。

如果自己的杯子还没有装满，便要去装满他人的杯子，这是很困难的。因此，**先把自己装满，让自己高兴起来，然后再给他人带去欢乐。用这个顺序来行事，即使是我这种水平的人也能顺利发展下去。**

让自己开心起来，人们便会好奇："那人为什么那么开心呀？"于是纷纷向你聚集。我的孩子4岁的时候，幼儿园里有一个小朋友沉迷于捡橡子，一时间小孩们都围绕在那个

孩子身边。如果有人在开开心心地滑滑梯，那么大家都会集中到那个人周围。因为人们会向看起来最开心的人的地方聚集吧。

工作也是一样的道理。"如果和那人合作的话，似乎会挺开心的"，如果有一种这样的氛围，那么合作伙伴就会不断地集中过来。

一个人再怎么努力工作，毕竟还是有极限的。我认为，一边得到别人的援助一边工作，才是正确的做法。

如此说来，我们应该选择能满足自己的方式去工作。要问我在工作中最注重的是什么，那就是"快乐"还是"不快乐"。

怎么做才能让自己愉快？我将这一过程称为对自我满足的探索。如果没有兴致的话，工作便不能顺利进行。因此，我们应当追求快乐的事物，让自己得到满足。

"做这件事很快乐，来这里吧！"这样做的话，人们便会纷纷聚集在看起来很快乐的人周围，伙伴、客户也将纷至沓来。大体上的流程就是这样。

以"向这里集中"为目标开展工作

大家向这里集中吧！很欢乐的哦！

人们会向看起来很欢快的地方聚集

我结束在澳大利亚的流浪旅行归国之后，是用搭便车的方法从九州岛回到东京的。搭便车其实也有技巧。

即使是下雨天，也依然开心地笑着！这样做会让司机觉得"搭上那家伙，说不定会很有趣"，如此一来，便会很容易地抓住愿意让自己搭便车的人。

从竖起的手指中渐渐渗出的"幸福感"和"快乐"，会让"这根手指"像搭桥人一样，引诱大家纷纷聚拢过来。

像这样，以"向这里集中"为目标开展工作的话，不仅可以满足自己，也能满足他人，由此便能产生良性循环。

◆ 珍视自己，愉快地工作的人会吸引好的工作伙伴聚集到
自己周围。

22

力争成为无可取代的唯一

"复合型"可以造就唯一

无论如何都要工作，人们当然还是希望能愉快地工作。以快乐和幸福为工作的基石，"竞争公司"就会消失了。

这样的想法，是我从和平先生让我担当他公司的总经理时所积累的经验中想到的。

和平先生手下有一家名叫TAMAGOBOURO的糕点制作公司。我就任后，总是询问公司的专务："我们生产的这个商品是如何流通的？对手的公司又是如何销售的呢？"

和平先生一边从我背后走出来，一边说道："还是别打听这种事比较好。"之后，和平先生指着对手公司的包装袋继续说道："你这么做的话，这家公司的饭碗就要丢了。"

即便只是在小池塘中相互争夺青鳉鱼^①，最终也将无计可施，只会让大家都变得痛苦。所以，我们不应该像上述那样做，**而应当自己开辟出更大的池塘，或者去到另一处不会打扰别人的池塘。**

这样一来，不仅工作可以顺利进行，大家也都开心了。

为此，无法被模仿的独创性就非常必要了。

展现出自己的独特，深入钻研"他人不会模仿、不能模仿""不用争抢客户，也不用担心客户被抢走"，甚至"如果真的做出了仿品，那么原来的市场将得到新的生机和更好的发展"的商品，我认为这才是上上之举。

那么，我们应该怎么做呢？关键就在于"复合型"。人不能只有一种才能，而是要同时具备多种能力。将这些能力融合起来，独特性便诞生了。

比如，我曾经做过企业的经营顾问。这个世界上的经营顾问数不胜数，那么我是如何做到不用与竞争对手相互争夺，就能做好工作的呢？答案正是在于我展现出了自己的独特性。

---

① 青鳉鱼，鳉科淡水鱼。全长约4cm，分布于中国、日本、朝鲜半岛。

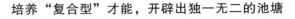

也就是，将"在谁都没想到利用网络主页做买卖的时代，我在网上售卖高尔夫球会员资格"的先见能力和"我就是骑着自行车满世界跑的自由的人"的这种自由融合了起来。

于是，便有客人怀着"这个人一边享受着人生，一边顺利地推进工作，我想学习他的方法"的想法前来。

将乍一看没有任何关联的事情联系、融合起来，独特性便应运而生了。个人的经验越多，复合型的才能便会越多，这个人的独创性就会被打磨得愈发光亮。

被自己忽略的东西中隐藏着"才能"

人们总是注意不到自己所具有的才能和独特性。大部分的人总是直到自己的巅峰时期才能意识到自己的才能。

即便被别人夸奖了，也会回绝道："不不不，还远远不到您说的那个程度呢"或者"×××比我更优秀呢"，等等。

我曾经也是这样的人，即便别人和我说："小晃，我认为你的这个想法很不错！"我也会下意识地回绝这种难得的褒奖："啊，这是我从×××那里听来的。"

从前，有一部电影叫作《黑客帝国》①，电影中有一幕男主角尼奥躲避子弹的镜头，我就像这一幕中的尼奥一样，千方百计地躲过了别人的表扬。

其实，还是不要让这样的行为发生才好，被别人表扬了就应该大方接受。

别人如果表扬你："你真厉害！"那就请试试看这样回应对方："哦！谢谢你呀！我是挺厉害的吧！"虽然可能会有点

---

① 《黑客帝国》主要讲述一名年轻的网络黑客尼奥发现看似正常的现实世界实际上是由一个名为"矩阵"的计算机人工智能系统控制的，人们就像它放牧的动物一样。尼奥在网络上查找关于"矩阵"的一切。在一名神秘女郎崔妮蒂的引导下见到了黑客组织的首领墨菲斯，三人一起走上了抗争"矩阵"的征途。

儿难为情，但请务必这么试试看。

这样一来，你便能认识到自己所具备的才能。**如果没有意识到自己具备什么样的才能，自然也就无法将其打磨、精进，然而当你意识到自己才能的那一瞬间，便会不自觉地对这份才能进行打磨。**

将这些才能融合到一起，便催生出了复合型才能。出乎自己意料的独创性便也应运而生了。

来参加我研讨会的人中，就有一位这样的女性。她主要从事恋爱和婚姻的咨询工作，同时也主持召开自己的研讨会。有一段时期，她苦恼于怎样才能展现出自己公司的独特性。

我向这位女士询问了一些信息后发现，在她公司中担任讲师的是一名男性，同时也是这位女士的丈夫。讲师由男性担当而不是女性，这一点难道不独特吗？

更令我感兴趣的是，这位女士非常尊敬自己的丈夫，他们的婚姻生活十分幸福美满。

"结婚之后，我特别幸福"，由这样的人经营的一家婚姻咨询公司，正是这家公司的卖点所在。而且，让"令我倍感自豪的丈夫"给未婚女性担当讲师，恰恰也证明了夫妻之间无比坚固的信赖关系。

由这样恩爱的夫妻来讲述恋爱、婚姻的一些关键窍门，相信大家一定会很感兴趣。他们本人虽然没有注意到，但我稍微听了一下，他们独一无二的魅力就止不住地出现在我的眼前。

所以说，自己认为是理所当然从而忽视了的地方，实则蕴含着自己独特的才能。因此，当我们被别人夸奖或者高度评价时，请不要忽视，而应该果断接受，之后再试着将这些优点融合起来。

自己原创的东西被抄袭了怎么办？

自己好不容易做出的原创，也会有被别人抄袭的情况。我在制作买卖高尔夫会员资格的网络主页时，就发生过类似的事情。当时，我做出了一个连我自己都认为是"天才般的"十分令人满意的网页。

此后，有一个人做了一个和我的网页一模一样的网页，当中的遣词造句分毫不差。当时那家公司的总经理是业界权威，而我那时只是一个普普通通的人，可我毫无顾虑地给那位总经理打了电话，恶狠狠地警告他："你可别小看我！"

当时我28岁，血气方刚，确实有些鲁莽。

对方的总经理也不是一个好对付的人，他态度暧昧地搪塞我说："我们的主页是下包给设计公司做的，所以这方面我也不是很清楚。"

而我十分愤怒，对他说："你们公司干的丑事，大家可都清楚得很！"说罢，我就挂断了电话。我带着盛怒的情绪走进洗手间，洗手台的镜子里照出了一张怒目相视的恶鬼般的面孔。

那一瞬间，我开始反省自己，我可不是为了变成这副恶鬼模样才工作的呀。

我开始思考，想要即便在这种时刻，也能保持平和的心态微笑，我该怎么做呢？大约过了一个月，最终我得出的结论是："越是被模仿，这个产业就会越大。"

也就是说，我改变了自己的观念，**将"被模仿，就意味着被掠夺"的世界观，转变成"越是被模仿，产业就越会扩大，就会有越多的人被吸引过来"**。

发生了意识转变之后，我们公司的销售额成倍上涨。从"来模仿我也可以哦，因为业界就能取得长远的发展"的视角出发，从而达成升级的目标。

　　然而，将意识完全转换过来却耗费了我整整一个月的时间。在这期间，我每天都很焦躁，天天吃薯片，因此还长胖了。

　　总而言之，即便大家都在小池塘中争夺青鳞鱼，也并不能解决任何问题。如果有人来自己的池塘中捞青鳞鱼的话，那不如就将那片池塘让给他，自己去寻找更大的池塘。这样一来，产业整体会得到扩张，不仅更容易实现自己的梦想，对方也能获得幸福。

◆ 如果自己的工作方案被他人模仿了的话，不如将其看成"自己开创的方法，让市场得到了发展"。

23
向客户展示自己的梦想，
会为你赢得他们的喜爱

嗜好荞麦面的山崎先生实现梦想的方法

接下来，我要说一些基础性的东西，那就是，向别人说出你的梦想，不仅能获得他人的鼓励和支持，还能获得客户的喜爱。

在参加我的研讨会的各位人士中，有一位现在在北海道经营一家名为"手打荞麦面淳真"店铺的山崎先生。山崎先生之前在一家公司的营业部门工作，在日本各地到处跑，但由于他无论如何都想开一家荞麦面店，所以从公司辞职了。

在他来参加我的研讨小组活动时，也是一直说着"自己有多么喜欢荞麦面"。只要一说起荞麦面，他就会满面春风，笑得像一朵花儿一样，滔滔不绝地给我们讲述。

但是，他不知道自己开店的一些具体做法，因此来向我咨询："小晃老师，我该怎么做才好呢？"当时我向他建议道："试试把你想开荞麦面店的这个想法告诉身边的人吧。"

没过多久，便传来了令人意想不到的好消息。有个人曾经也很想自己开一家荞麦面店，但由于妻子的反对，只好作罢。

可是店面已经准备好，如果山崎先生真心想开荞麦面店的话，那他可以以一个十分优惠的价格将店面出租给山崎先生。就这样，山崎先生以格外优惠的价格租到了门面。

山崎先生满脸幸福地笑着向我诉说事情的经过，我心领神会地听着。这下，他总算得偿所愿，能开一家自己的荞麦面店了。

但是，事情到这里还没结束。山崎先生对原料荞麦粉的选择十分讲究，因此，他还想拥有一家自己的制粉厂。

我对他说："继续把这个梦想也告诉给别人吧。"于是山崎先生便将自己想开制粉厂的梦想向他人散布开来。这次，他似乎又如愿以偿地获得了自己梦寐以求的制粉厂。听起来像梦话一样不可思议，对吧？

前一阵子，我的一个朋友去拜访山崎先生。他先是去到了山崎先生开的荞麦面店中，却没看到山崎先生。店里的人说："山崎先生在田里呢。""田里？"那位朋友一边百思不得其解，一边向店员询问了田地的位置。他走到那个地点之后，发现竟然是一片一望无际的绿油油的荞麦田。

山崎先生正干劲儿十足地在田里种荞麦呢。

没想到为了做出精良上乘的荞麦面，山崎先生居然从最初始的荞麦果实就开始讲究起来。我的朋友后来告诉我说，山崎先生在田里劳作的背影，看起来真的很开心。

明明店面的位置不是很好，但山崎先生的店很受欢迎，看来大家都很喜欢他做的荞麦面。

有一位客人这样问山崎先生："每天都要照看农田，还要从荞麦粉开始和面，你一定很辛苦吧？"山崎先生却笑着回答说："能每天都做这么开心的事，简直像在做梦一样啊！"

我实在是羡慕得不行。山崎先生靠着四处诉说自己的梦想，最后竟真的梦想成真了。要是说起幸福指数的话，我想，他应该在我之上吧。

山崎先生在不断诉说自己梦想的过程中，获得了许多人的支持和鼓励，最终实现了梦想。

虽说并不是每个人都能做到这地步，**但是持续地向别人诉说自己的梦想是很重要的。愉快地叙述自己的梦想本身就很幸福，同时也能让周围的听众也变得幸福。看上去很幸福的人不知怎的，总能获得他人的支持与援助。**

在工作中也是同样的，如果能将愿景清楚地告诉别人从而引导他人产生同感的话，那么十分不错的客户资源便会来到你的身边。因此，我们应当不断地诉说自己的梦想："将来，我想做……"

瞄准梦想，不断努力，并且收获他人的支持与鼓励，这就是能够实现梦想的理想工作。

将历史进程和个人梦想综合起来叙述，便能成为"品牌"

我在前文中说到，不要争夺小池塘中的青鳉鱼，而应该磨炼自己独一无二的才能，这种独一无二也可以被称为"品牌"。

所有的品牌都有其传奇的故事性。传说一个很有名的品牌店在银座建造专卖大楼时，将参与筑造大楼的木匠师傅的名字镌刻在了建筑物上。这则小故事虽然是我很久以前听说的，但你不觉得很有意思吗？

听了这个小故事后，自己不知不觉间就会像是该品牌的推销人员一样，到处宣传"你知道吗？银座的那个品牌啊……"

说起品牌，关于路易威登①的品牌故事，似乎也声名远扬。据说在泰坦尼克号②沉没时，路易威登出品的箱包由于制作精良，浮在了海面上。沉船后，有很多旅客抓住了漂浮起来的路易威登箱包因而得救。像这样传奇的故事，大家一定都很想与他人分享吧。

像这样，自然流传开的某家公司或商品的感人小故事、奇妙逸闻，大家都会想要将其分享给别人。

—————————

① Louis Vuitton，产品包括手提包、旅行用品、小型皮具、配饰、鞋履、成衣、腕表、高级珠宝及个性化订制服务等。自1854年以来，代代相传至今的路易威登，以其卓越的品质、杰出的创意和精湛的工艺成为时尚旅行艺术的象征。

② 泰坦尼克号，英国1911年建造的豪华客轮。于翌年4月14—15日的出航中撞冰山沉没，成为死亡1500多人的最大航海事故。

要注意，"自然"是非常重要的。如果那个有名的品牌在自己的官方首页上宣传"我们将参与筑造大楼的人的名字刻在了大楼上"，那样反而会有种强加于人的感觉，令人生厌。

如何能够优雅地传播品牌故事或者梦想，至关重要。

我们在星巴克买咖啡豆时，根据咖啡豆产地的不同，宣传单页的内容也会不同。比如，购买了这种咖啡的话，付出的钱就会流入这个地区用于建造学校；购买了那种咖啡的话，付出的钱将用来在那个地区挖掘水井，让当地人能喝上干净的水……

如果在店内大张旗鼓地张贴海报来宣传"让我们一起来建造学校吧"，反而会令人兴味索然。如果只是用产品中的宣传单页进行推广的话，不仅会让购买者产生和别人分享的兴致，也会让人不知不觉地成为追随者。

我认为，悄悄地叙说品牌历史或者梦想并不是为了排除竞争对手，而是旨在更好地构建"自己的王国"。

美化自己的池塘，有助于发挥自己独特的优势。

如果想让自己的工作或者产品成为品牌的话，就需要不断深入挖掘一些纯粹的东西。比如，令人心动的点，或者是最开

始选择这份工作的"初心"，再有就是自己想要构建出怎样的
世界。

　　这样做的话，就能催生出与品牌紧密相连的独特性。通过
与这种独特性产生共鸣，客户将成为忠实的拥护者。

> ◆ 将"我想变成这样"说出来，你将能获得客户的青睐。

24
与顾客站在同样的立场

只将能够理解自己需求的人作为顾客

想要轻松地售出商品，重点是要和客户站在相同的立场上。

如果是卖家、买家关系的话，那就是对立的。而对和自己站在相同立场上的人，顾客更能产生共鸣。

之前在研讨会上，有一位女士想要售卖用自然原料制成的肥皂。这位女士在自己作为顾客时，就很想购买有机肥皂，但似乎总是找不到令她满意的商品。因此，她才决定自己亲手制作这种肥皂。这也是一位很有梦想的女士。

这样的人做出来的肥皂，大家一定很想要吧？

这名女士同时也在从事心理治疗①的工作，对于"这种香氛能让人沉静下来"等此类信息，她也很有洞见。由此，她得到了很多爱好肥皂的顾客的共鸣。

但她在工作中发现，要满足所有客户的需求是不可能的。

日本人总是鼓吹"要重视所有的客户""客户就是上帝"等，但那种事是做不到的。

妨碍自己珍视的或者妨碍自己"初心"的客户不来也可以。如果能采取这样的态度，那么工作就会顺利进行。

反过来说，就是只重视那些和自己站在相同立场上的客户即可。

这一阵子，我在网络新闻中看到了一则很有趣的消息。某地百货公司的柜台店员拼了命地接待一个貌似故意找茬的客人。然后，身为店长的外国人出场了，他对那位来找茬的客人厉声喝道："你闭嘴！"

"像你这样的人不配做我们的客人！下次别再来了！"店

———————————

① 心理治疗，指让心灵和身体恢复健康状态。是一种消解或消除由压力引起的疲劳、不安、愤怒、悲伤等消极情绪的技术，或指使用此类技术治愈心灵和身体。

长说着便把那位客人赶了出去。

这段小故事被上传到Facebook①之后，大家纷纷点赞。

所以说，没有必要珍视所有人。我认为相比而言，珍视那些和他们待在一起就能让自己兴致高昂，能和他们分享共同的梦想和愿望的人更好。

我十分赞同与无法站在同一立场上的人断绝来往。

用充满爱意的"御宅族②"的方式与客户紧密相连

无论如何都要买车的话，还是要从熟悉车子的导购那里买比较好。因为对车子很熟悉的人，一定是对它爱到无以复加的人，这份热爱可不一般。

这种宅气十足的方式很受客户的喜欢。不要多虑，大胆地将"自己的世界"展露出来。但仅仅是这样就被"吸引"过来的客户，一般并不是真正的好客户。

---

① Facebook，是美国的一个社交网络服务网站，于2004年2月4日上线。

② 广义的御宅族指热衷于亚文化，并对该文化有极度深入的了解的人，如"体育宅""音乐宅""汽车宅"等。狭义的御宅族指沉溺、热衷于动画、漫画及电子游戏的人。御宅族的人也被戏称为"阿宅"。

如果想要讨自己不喜欢的人欢心，委屈自己去适应对方的话，是不会顺利的。

如果为了让自己讨厌的人喜欢自己而花费了大量的精力，而导致对那些真正能和自己产生共鸣的客户反倒只用了一点点精力的话，那一定是哪里出了问题。**锁定自己应当倾注精力的对象会让工作变得轻松愉快，并且会事半功倍。这样一来，能和自己产生共鸣，认为"那真的很不错"的客户便会纷至沓来。**

来参加我研讨会的人中，有一位女士很喜欢绘画，想要从事与美术相关的工作，却不知道该怎么做。

她对绘画了解得十分透彻。若是论起"对作家的热爱"，她不输给任何人。因此，我给她的建议是，把自己宅气十足的样子彻底地表现出来。

用自己的博客，把一些画作的背景、作家的趣闻，以及在哪里看到一幅画时自己是怎样激动等，像阿宅一样，饱含热情地写下来。

"这个很棒吧？"用这种心情写就的东西，会吸引来一批观众："哇，你去看了呀？真厉害！"之后就可以把这些人当作自己的客户。

虽然在工作方面，大家都说不勉强自己去做一些事情是行不通的，其实事实并不是这样。"好厉害啊！"只将这种能和自己产生共鸣的人当作对象，像宅气十足的人一样说出"要不要和我一起就这个话题聊一聊"，便能与和自己有着相同梦想、相同立场的客户紧密相连。

◆ 充分表达出自己对商品的爱意，客户将向你聚拢而来。

25
开启"自动化"工作模式

幼儿园时我的梦想，就是成为自动售货机的老板

这个世界上，有即使睡觉时也能挣钱的工作。这一点是我在上幼儿园时意识到的。

有一天放学后，我像往常一样去零食店，递给店主阿姨60日元，买了两个30日元的小零食。那时，我忽然看到零食店旁边矗立着一个自动售货机，有一个叔叔正从自动售货机中买果汁，总共买了三四瓶。当时一瓶果汁100日元，所以自动售货机一下子就卖出了400日元的商品。

零食店的阿姨只收到了60日元，可自动售货机只是被放在那里就一下挣到了400日元。和身为人类的阿姨相比，自

动售货机是多么优秀的机器人啊，当时在上幼儿园的我这样想着。

如果自己什么都不用做，就能有金钱进账，那岂不是可以只做自己喜欢的事情，愉快地度过每一天吗？这简直就像做梦一样啊。

从那时起，成为什么都不用做就可以轻轻松松赚钱的自动售货机的老板便成了我的梦想。

当时我甚至还仔细观察过哪里卖自动售货机。身为一个幼儿园的小孩子，竟然那样看待果汁自动售货机，真是一个奇怪的小孩啊。

等我稍稍长大了一些，才逐渐明白，即便是自动售货机，也需要人工搬运和填补售空的果汁，不能想当然地整天疯玩儿。

此后，我便开始寻找有没有同学的父亲是在睡觉时也能挣钱的。每次去朋友家玩时，我都会首先观察他的父亲在不在家。

因为当时家父工作繁忙，所以我一方面单纯地羡慕有时间能留在家里的父亲们，另一方面也对父亲们赚钱的方式充满了兴趣。

观察的结果，我发现时常在家的父亲们可以分为三种类型。

第一种是按时下班的公务员父亲。下午5点下班后，他们便早早地回了家。

第二种是出于种种原因，没有工作的父亲。比如，被公司开除、经商失败等，总之有很多的原因。

第三种，则是坐拥大厦或土地等固定资产，通过出租资产获得收入的父亲。

第三种类型的父亲即便是在睡觉时，也能挣钱，我很羡慕他们。如果能成为那种父亲的话，即使不怎么工作，也可以经常和家人一起出去玩儿，和孩子们常待在一起，而且还能挣钱。

我从孩提时代起，就希望自己以后能成为这样的大人。多亏如此，现在我真的成了这种类型的父亲。

正因为我从幼儿园时起就一直以睡觉时也能挣钱的工作为目标，所以，当我着手帮助家父经营买卖高尔夫球会员资格的公司时，刚一开始就拼命思考应该怎么做才能尽可能少地工作，同时又能挣到钱。其中一种方式就是，通过网络主页，在网站上售卖会员资格。

刚开始我也是半信半疑，能通过网络售卖会员资格吗？之后某天早晨，我在熟睡一整晚后一起床，就真的收到了下单的邮件。我只是睡个觉，就有一笔3000万日元的订单进账了，这简直就像是在做梦一样。

像这样，总是带着"一边睡觉就能有钱进账的方法是什么"的疑问去观察世界，你就会有很多发现。

不断接纳自己不擅长的东西，你将会越来越顺利

要去做那些自己很喜欢的、认为自己天生就该做的事情。与此同时，对自己不擅长的领域，自己也应当承认。

这样的话，即便自己不努力，也能渐入佳境，不可思议的法则就要开始了。

大多数的人一看到自己"不擅长的领域"时，就会想着去

克服，不在"喜欢的事情"上多使劲儿，转而开始在"讨厌的事情"上倾注越来越多的精力。

但是，**请不要这么做，请试着在肯定自己喜欢的领域的同时，原谅自己在其他领域的不擅长。**

这样一来，不可思议的事情就发生了。有人就会对自己不擅长的领域变得"超级喜欢"。

比如，我就很不擅长处理会计相关事务。然而这个世界上，就有人："最喜欢会计了！超级喜欢在Excel表格里录入数据！"我身边就有这样的人。

他在向Excel表格中录入数据之前，就好像是登山家即将去登山一样激动，对他而言，将数据全部录入就像是抵达了山顶，那种成就感满满地将他包围。

于是，我毫不犹豫地将Excel的相关工作全都拜托给他了。这样一来，与我自己费时费力地制作相比，他做起来会更有效率。

其实，如果想要事情顺利进展，这种心理状态非常重要。

顺利的人是和周围的人能愉快地紧密相连的人

借助他人的力量来完成自己不擅长的事，工作就可以顺利进行

清崎彻①先生在他的著作《富爸爸，穷爸爸》中这样写道，工作的人有"四个世界"。

分别是**"从业人员""个体户""商业老板""投资家"四个世界**。

"从业人员"和"个体户"认为："即使自己不擅长，也要全部一手包办！"这种想法和他们"希望别人认为自己很优

———————————

① 清崎彻（1947—　　），美国投资家、实业家、作家，偶尔担当金融评论员。

秀"的想法有联动关系。

然而，"商业老板"和"投资家"都很清楚自己喜欢的领域和不擅长的领域。"我能在这个领域活跃起来发挥作用！""我有这样的才能！"他们能准确地把握自己，并且把自己不擅长的工作不断地委托给他人，请求他人的帮助。

被委托的人收到的工作委托都是自己活跃的领域，因此也会很开心地工作。这样一来，"商业老板"和周围的人都做着自己喜欢的事情，工作效率也会很高。

这也就是为什么，"商业老板"和"投资家"既为许多人提供了发光发热的舞台，同时也挣得盆满钵满，而且还有很多自由的时间。

说到这里，或许会有很多人觉得："我只是一个再普通不过的小职员，要成为'商业老板'，任重而道远哪……"

然而，即便不成为"商业老板"，清楚地区分出自己喜欢的和不擅长的部分，并且体谅自己在某些领域的不擅长，那么愿意支持自己的人便会一下子开始增多。

因此，这个方法不论男女老少、不分职业，大家从今天起都能开始使用。

其实在这个世界上，以"提高收入"为目的的诀窍并不存在。因为收入本身在借助他人的力量去做自己喜欢的事情的同时，自然而然就会增长。

日本社会是一个容易将"靠自己的力量拼命努力"视为美德的社会。

事实上，正如前文中所说的那样，**进展顺利的人，"都不只是靠自己努力，而是灵活地借助周围人的力量"**。

像这样，**用愉快的心情和周围人紧密联结，让工作渐入佳境的奇妙力学，我将其称之为"商务舱·头等舱理论"**。

简单地说明一下，商务舱的人每天拼命地奔波于签合同，和对方一同调整作业等；而头等舱的人，只需要在商务舱的人做好之后，进行最终检查和盖章就可以了。大致上就是这种感觉。

我本人最初别说是"商务舱"了，顶多只能算是"经济舱"的一员。因此，我知道，两个世界看到的景色是完全不同的。

在商务舱中，即使是在飞行中，也有很多人开着电脑争分夺秒地工作着；在头等舱中的人们却都是悠闲地看着报纸或者杂志，十分放松自在。

"我不努力可不行！"请放下这种心中的负担，借助其他能者的力量吧。这样一来，便会像我所体验到的一样："不知不觉中就变得轻松了！但是很幸福！"世界也会变得更加广阔。

在那个世界中，爱与感谢会无边无际地延展开来。没错，那并不是一个"相互竞争的世界"，而是一个"相互协调的世界"。

被誉为日本第一的投资家和平先生，常常将这样一句话挂在嘴边：**"用真心和真心相联结的话，就能取得巨大的成长，大家都将获得快乐。"**

尽管和平先生自己也是一位事业家，但丝毫不影响他以"自己的钱流向何方才能让更多的人喜悦"这样的视角进行投资。

把自己宝贵的财富交到优秀的人手里，让那笔财富给更多的人带去喜悦和幸福。通过这种方式，让大家都获得快乐，让社会事业进展顺利。

坦然地接纳自己不擅长的部分，便会出现愿意替代自己进行那一部分工作的人，也会不断出现主动伸出援助之手的人。

之后，以愉快的心情与通过这种方式聚集到一起的人们紧密相连，不可思议的奇妙力学会帮助你逐个实现你曾经想要做到的事情。

雇用优秀的人，让他们代替自己工作

然而，要想从"从业人员""个体户"进阶成为"商业老板"和"投资家"，你需要颠覆自己一直以来视为常识的规则，还需要清除一些思想上的阻碍，否则就无法实现成功转变。这其实非常有难度。

在我二十七八岁经营买卖高尔夫球会员资格的生意时，曾经遇到了许多睡着觉也能挣钱的"商业老板"，我有一段时间一直向他们询问成功做到这一点的方法。

然后，我明白了，他们并没有打算让自己变得优秀，反而是观察和评价那些比自己更优秀的人，并且雇用他们。

无法成为"商业老板"的总经理大多是因为雇用了没有自己优秀的职员来工作。因为他们担心："不好，公司要被那些优秀的人夺走了！"但是，能够成为"商业老板"的人恰恰相反，他们评价那些比自己更优秀的人"哇，你很厉害啊"的同时，并把工作交托给他们。

这样一来，优秀的人不断推进工作的进程，"商业老板"即使自己不在公司，公司也能自动运转。然而，做出这个决断还是很难的。

关键就在于，自己能不能坦然接受"我当个白痴也无伤大雅"的想法。

当然了，"商业老板"并不是真正的白痴。相反，我认为他们比普通人聪明得多。

他们区别于普通人的一点就在于他们认为"对于别人对自己的评价之类的，无关紧要"。世人怎样看待自己，这种事情无所谓。

为什么这么说呢？因为工作都是除自己之外的其他人在做，别人对自己的评价和自己的收入并没有关联。假如真的有唯一必要的品质的话，那就是与人相处的能力了。

只有具备了这种人际交往的能力，才能让优秀的人心满意

足地替自己工作，帮助自己。这样，即便自己悠闲度日，偶尔走走神发发呆，也有资格成为一名"商业老板"。

顺便提一句，和平先生是一位拥有上百家上市公司股份的大股东，他却没有让自己旗下的TAMAGOBOURO公司上市。他的理由是这样的：

"小晃啊，我也曾经想过扩大公司的规模，但总是提不起兴趣。但是呢，这个世界上有许多人很想自己经营公司，哪怕公司的资金只是替别人暂时保管的。我把钱投资给这些人，自己会很开心哦。相比起我自己经营来说，把钱交给那些喜欢经营的人更叫我开心，所以我才开始走上投资这条路。"

这也就是说，相比起世人的赞誉、自己的名声，和平先生选择了让自己自由自在地生活。因为想要快乐地实现梦想，所以不愿被应酬、义务等杂事占用时间。

和平先生在空闲时，会让自己喜欢的传统工艺的手工艺人创作作品，并为他们举办展览。

"商业老板"中有很多人除了工作以外，还有别的很多想做的事。正因为他们怀着"我想做这件事"的强烈的梦想，所以才会不甘心埋没于整日枯燥的日常工作中，他们会去探寻能够让工作自动运转下去的方式。

◆ 开创出即便睡觉也能挣钱的自动化的工作模式吧！

后记

是欢呼雀跃着实现梦想，还是历尽艰苦实现梦想？

世界上有一部分人历尽艰苦、顽强努力，最后实现了梦想。

听了这些人的教导，自己也会下定决心要通过坚苦卓绝的努力和奋斗来实现梦想。

这个世界上还有一部分人，他们压根不努力，反而像孩子们那样欢呼雀跃着轻轻松松地就把梦想给实现了。

听了这些人的教导才知道，原来梦想也可以轻松愉快地实现。

这和减肥是同样的道理。一部分人通过苹果减肥法瘦身成功，若向他们取经的话，自己自然就会跟着选择苹果减肥法；还有一部分人通过禁糖成功减肥，要向他们学习那自然也会跟着选择禁糖减肥。

方法没有对错之分，唯一重要的是"自己想选择何种方法"。

你，是有选择权的。既可以选择欢呼雀跃着实现梦想的方法，也可以选择通过艰苦奋斗实现梦想的方法。

如果是我的话，我想选择欢呼雀跃着实现梦想的方法。因为选择这种方法的人生，看起来更快乐一些。

或许会有人愤怒和不屑："什么欢呼雀跃着轻轻松松地实现梦想的鬼话，竟然还真有啊！"他们坚定地认为："梦想，如果不努力、不奋斗、不拼尽全力的话，那是绝对实现不了的！"

这话若是放到昭和时代①，那可能的确没错。

而现在，时代已经变了。整个世界通过网络串联在一起，

_____

① 1926年12月25日—1989年1月7日，是日本天皇裕仁在位时使用的年号。

人们工作挣钱的方式都在发生翻天覆地的变化。

的确有人可以轻轻点一下鼠标就能赚上几百万、几千万，对吧?

其实我们周围就有许多人是欢呼雀跃着轻松愉快地实现梦想的。只是这些人没有意识到自己是轻轻松松将其实现的，所以才没有站出来说："我就是这样的!"

认为"轻轻松松实现梦想，根本不可能"的人，恐怕是不知道规则吧。

打个比方，若是不知道踢足球的规则，就会发生"用手去运球，结果挨了大家的骂"这种状况。

如果不知道"只能用脚运球，也可以用头"这条规则的话，就会被懂规则的人一直控球，当然也就无从感受足球的乐趣了。

如果掌握了规则，就可以愉快地踢球了。

轻松地实现梦想其实是有诀窍的。只要掌握了规则，就可

以十分愉快地达成目标。这个诀窍，我只打算偷偷地传授给读过这本书的人。

欢呼雀跃着实现梦想，其实是有规则的

说起我为什么会知道这规则，是因为我在20多岁时经营着买卖高尔夫会员资格的生意。经手的都是定价上百万、上千万日元的高尔夫会员资格，顾客们自然也都是被称为富裕阶层的那一部分人。

为了玩乐而豪掷千金，一下拿出5000万日元买进会员资格的土豪自然是有的，同时也有因事业失败而卖出会员资格的落魄户。

有时我甚至也亲眼见证了这样生动的现实：最初那个人拿着位于田园调布①的大豪宅来换取会员资格，之后却躲在堆积如山的纸箱中暗暗盘算："今晚，要不连夜逃跑吧……"

如此说来，一路走得顺顺利利，或一时顺风顺水，而后却遭遇巨大变故和不幸，这两种情况每天都反反复复地在我眼前上演。

---

① 田园调布，位于日本东京都大田区西北角，是有名的高级住宅区。

看着许许多多成功和失败的案例不断上演，我心中逐渐有了想法，"这样做是可以顺利推进的""这样做会导致失败"。

与此同时，我也恍然大悟，轻松愉快地实现梦想，并且一直幸福下去的人，是有的。

如果想知道顺利发展的方法，那么去请教那些顺利发展的人是最好不过的了。如果想一路微笑着、愉快地度过此生，最有效的方法就是去询问那些一路微笑着度过一生的人："如何才能成为像你一样的人呢？"

我30多岁的时光，大多是在听那些了不起的成功人士的谈话中度过的。经过那段时间的洗礼，我逐渐参透了如何才能欢呼雀跃着愉快地实现梦想的窍门。

这本书集合了我从成功人士那里获得的智慧，并结合了自己亲身经历的一些规则，所有这一切我都毫无保留地展现在了这本书中。如果能为大家所参考的话，我会感到非常荣幸。

选择能让自己转变为"欢呼雀跃状态"的途径，无论如何先试试看

请让我在这里介绍一下自己。

我一边以公司顾问和管理咨询师的身份工作，一边开展研讨会，将工作和人生都十分精彩的成功人士的教导广泛传播。

现在，我每天只需要做自己喜欢的事情，时间和金钱方面也都很富裕，非常幸福。

但是，即将迈入弱冠之年时，我的境况是非常糟糕的。

当时，受追捧的男性都符合"三高"的标准，也就是"高学历""高收入"和"高身高"。但我当时哪一条标准都不符合，是名副其实的"三低"男性。

首先说说学习。我的成绩太差了，以至于连大学都没考上，靠着高中老师写的推荐信，才能勉强偷混进短期大学的夜校学习。当时的我就是这样一个学习完全不行的差等生。说来可能有些自大，当时靠着推荐信混进的短期大学里，并没有能

让我涌起学习欲望的课程。

我一心只想成为有钱人，但短期大学里没有课程能教我实现这个梦想。于是没过多久，我便离开了短期大学。

因此，我的最高学历是高中。

接下来再谈谈收入。家父虽说经营着一家贩卖高尔夫会员资格的公司，但泡沫经济破灭伊始，公司负债高达上亿日元，濒临破产危机。

我从24岁时开始协助家父管理公司，并使公司起死回生，一年内的成交额增长了10亿日元，但这些都是后话了。总而言之，在我20岁的那一年，即便是在奉承的场面话里我都不是一个有钱人，反倒是陷入了十分不妙的经济情况之中。

最后聊聊身高。我从小就比较矮，因此比较自卑。身高160cm在男生中算矮的了。

尽管现在我已不在意身高了，但对青春正盛时的我来说，身高问题是一个非常严重的困扰。

在被短期大学除名之后，我铆足了劲儿地工作，尝试了各种各样的工作，但完全无法顺利展开自己的职业生涯。就在这时，让我几乎全身起满鸡皮疙瘩的、极具冲击性的事情发生了。

我打工地方的前辈说，要骑着摩托环游澳大利亚大陆，而且他还真去了。由于他是一个十分烦人的前辈，因此当时我反而在想："随他去吧，烦人精前辈不在了才好呢。"

一年之后，前辈回国了，他变成了一个理解力超强、人格魅力爆棚的人。

我问他："前辈，发生了什么事情吗？"

他回答说："**本田啊，你知道周围360度都是地平线的世界吗？风一停，视野里没有任何遮挡，万籁俱寂的世界无比宽广。在日本，你绝不会相信还有这样的世界存在。**"

听了这话，我当即激动得血脉贲张，像小孩子那样欢呼雀跃起来。不明缘由地激动地想："好厉害！这件事只有放手去做了！"

我想传达给大家的是，找到了"我想做"的事情之后，无

论何人反对，最好都还是按照你自己想的去做。犹豫着不知道该选哪条路时，要选择能让自己转变为"欢呼雀跃状态"的那条路。你转变成为斗志昂扬的雀跃状态那一瞬间，就是命运之门徐徐开启的信号。

所以我决定，骑自行车环游澳大利亚大陆。为什么选择自行车环游呢？有一个原因是我原本就很喜欢骑自行车，另一个原因则是开车或骑摩托车横跨澳大利亚的人不少，但骑自行车环游的还是少数，感觉这样非常有意义、有价值，以后也可以拿来向人吹嘘。

"好嘞，这下我可是要去干大事啦！说不定以后还能跟别人吹吹牛呢！"

原本自卑感满满的我，也摩拳擦掌跃跃欲试，打算靠这次行动彻底扭转命运。

总之，受到了前辈的激励，21岁的我意气风发地向着澳大利亚进发了。

人生的目的在于尽量延长开心欢笑的时间

话说，当我真正踏上澳大利亚的土地时，才意识到澳大利亚真的广阔！

仅仅是从一端去到另一端都要花上55天，而骑自行车环澳大利亚一圈的耐性，我可真没有。

彻底遭受挫折后我返回了日本，虽说计划的确是失败了，但在澳大利亚的所见所闻，以及在那里遇到的人们带给我的影响，让我受益匪浅，比之前成长了一大截。

从那以后，我开始积极探寻变幸福的方法。我殷切地希望能过上这样的一种生活：既有丰厚的经济效益，又可以只做自己喜欢的事情，欢笑着幸福地度过每一天的生活。

为什么会有这样的渴求呢？那是因为在澳大利亚的旅行中，我遇到了许许多多让我羡慕的人，他们都是只做着自己喜欢的事，幸福地、充实地生活着的人。

比如，看起来和我一样贫穷的背包客青年，曾掏出我从未见过的颜色的信用卡来支付账单。原来，他是一个自己创业并取得成功的美国富豪。

还有，我遇到一名意大利女子，她的车在离小镇还有100多公里的地方引擎熄火，但她仍在哈哈大笑。

"毕竟我们就是为了让自己开心才来人世间走这一遭的嘛。为什么小晃你的表情那么严肃啊。好傻哦。"

就在那个夜里，我在自己的手账本里，记录下了关于人生目的极其重要的话语。

"我人生的目的就是，尽量延长欢笑的时间。"

这句话直至今日都还是我生活的指南针。

归国后不久，我就奔波于家父公司的重建工作，幸运的是，业绩明显地逐渐好转，在我20多岁的后几年中，已经攒下了一笔巨大的财富。

我不懈努力的动力之一，是因为家中仍欠有负债。此外，我还想让父母安度晚年。就像我在澳大利亚时遇见的关系很好的老夫妇一样，两人手拉手，一起去旅行。我希望我的双亲能过上这样的生活，我自己也对这样的生活充满向往。

当时我就是在这种强烈动机的驱使下，不停地努力。然而，在我还清了所有欠款，也如愿让父母过上幸福的晚年生活后，我所有的目标都消失了。

我买了"觊觎"已久的游艇，把游艇开到台场①后停了下来。直至今日，我还能清楚地记得，当时印在我眼里的台场的景色仿佛都是灰暗的，在沙滩上散步的初中生情侣似乎都比我幸福得多。

"我不想成为一夜暴富的大款后就这么结束了。我还是希望能像在澳大利亚遇见的那些人一样，只需要做自己真正喜欢的事情，过着富足幸福的生活。我到底该怎么做，才能笑着度过人生呢……"

自此，我拼命地学习实现梦想的方法。在我30多岁的大约10年间，我无数次悄悄溜进被称为有钱人或人生导师的人所开设的演讲或研讨会中。若是时机凑巧，便和他们交个朋友，请求他们的指点。

其中有一位被称为全日本第一的投资家竹田和平先生，我深受他的喜爱，被和平先生收为弟子，全方位地学习和平先生

---

① 台场，或称御台场。位于东京都东南部东京湾的人造陆地上。

的理念、作风及言谈。除和平先生外，我也受到了许许多多前辈的教导，如北原照久先生、本田健先生、神田昌典先生及心屋仁之助先生等。

之后，我才注意到：在这世上，确实有方法能让人们轻松愉快地实现梦想，变得幸福。

这本书里详细记录着我耗费数年整理出的杰出前辈们实现梦想的诀窍。

即使是普通人，也可以从零出发（不，甚至可以从负出发），充实地、幸福地实现梦想。为什么我能如此断言？因为这条路，恰恰也正是当时处处碰壁、自卑感满满的我所经历的真实过程。

我已经用自己的亲身经历验证了杰出前辈们的成功诀窍，在此，我想将这诀窍和大家一起分享。之所以与大家同享，是因为越分享，我的幸福和大家的幸福就会越多。

我还依稀记得小学教科书上芥川龙之介的小说《蜘蛛丝》。

故事内容大致是释迦牟尼从天上垂下了一根蜘蛛丝。地狱里关押着许许多多恶人、罪人，他们在地狱中遭受痛苦的折磨，一看见释迦牟尼从天上垂下的蜘蛛丝，便蜂拥而上，争先恐后地爬了上去。

爬在最上面的那个男人，想自己独占整根蜘蛛丝，于是就把随后而来的人蹬了下去。

"你们这群人，别爬了！蜘蛛丝会被扯断的！"那男人大声吼道。

他刚一吼完，蜘蛛丝突然就断开了，蜘蛛丝上所有的人一下子又跌回到了地狱中。故事到这里便结束了。

我在读这个故事时，是这样想的：

"大家一起爬上去，不就好了？"

释迦牟尼向地狱里垂下的那根蜘蛛丝，大概也是可以容许所有人都爬上去，而不断裂的吧。

毕竟，他是释迦牟尼嘛。

幸福不会因分享而减少。与大家共享幸福的话，共享的那一部分幸福反而会增加。无论是分享者还是接受者，他们手中的幸福都会增加，世上"幸福的总量"也会随之增加。

　　如果大家读完这本书后，果真能够变得幸福，变得能够轻松愉快地实现梦想的话，那于我而言，便是莫大的幸福。